ATLAS
DER
außergewöhnlichen Weine

PIERRICK BOURGAULT

JONGLEZ VERLAG

Inhalt

Beaufort Sea

Arctic Circle

Alaska (USA)

Fairbanks

Anchorage

Hudson Bay

Churchill

CANADA

Ontario

Calgary

Winnipeg

Rainy River

Vancouver

Quebec

Seattle

Minnesota

Montréal

Toronto

Chicago

UNITED STATES OF AMERICA

New York

Pacific Ocean

Atlantic Ocean

MEXICO

N

1 000 km

Eiswein aus Québec

Unerschrockene Winzer, denen es gelingt,
eisigem Klima Wein abzutrotzen

Seit der Entdeckung Kanadas durch Jacques Cartier im Jahr 1534 gab es zahlreiche gescheiterte Versuche, Wein in Québec anzubauen. Wenngleich Montréal geografisch betrachtet auf einer Höhe mit Bordeaux liegt und Québec auf derselben Breite wie das Burgund, erweisen sich die klimatischen Bedingungen doch als deutlich rauer. Der harte kanadische Winter wird ungeschützten Weinstöcken zum Verhängnis, eisiger Frühlingsfrost bedroht die jungen Knospen, der allzu kurze Sommer lässt der Rebe kaum Zeit sich zu entwickeln, und im Herbst sitzt der Schnee den Winzern bei der Weinlese bedrohlich im Nacken.

Die ersten Stecklinge, die man zum Anbau von Messwein in Kanada einführte, erfroren zum Großteil, und bei den wenigen, die es über den Winter schafften, gelangte die Traube nicht zur Reife. Ende des 19. Jahrhunderts pflanzten einige Winzer schließlich mit einigem Erfolg robustere Rebsorten. Während der Prohibition entging Québec zwar dem vollständigen Alkoholverbot, doch billige Weinimporte machten der lokalen Produktion das Leben schwer, sodass der Weinanbau um 1930 in der Region zum Erliegen kam. Nach vier erfolglosen Jahrhunderten schien der Traum vom Weinanbau in Québec unerreichbar, so, wie Jacques Cartier einst überzeugt gewesen war, in Asien Gold und Diamanten gefunden zu haben, während er Pyrit und Quarz aus Nordamerika auf seine Schiffe lud.

© Luc Villeneuve

Doch Winzer lieben die Herausforderung. Um 1980 startete man neue Versuche mit besser an das Klima angepassten Rebsorten wie Seyval, Vidal, Geisenheim, Cayuga oder Eona (weiß) sowie Maréchal Foch, St. Croix, De Chaunac oder Chancellor (rot). Diese kräftigen, früh reifenden Varietäten besitzen die Eigenschaft, ihren Vegetationszyklus in Rekordzeit abzuschließen.

Um der Winterkälte standzuhalten, wird um die Pflanzen Anfang November Erdreich angehäufelt (*rechaussés*), das ab Ende April mithilfe von Traktoren und Spezialgerät wieder geräumt wird (*débuttés*). In den kanadischen Weinbergen kommen zum Teil abenteuerliche Methoden zum Einsatz: Brenner zum Erwärmen der Rebstöcke, Lüfter gegen den Spätfrost im Frühjahr und sogar Hubschrauber, die warme Luft in Richtung Boden wirbeln. Auch Schneekanonen wurden schon in den Weingärten gesichtet, denn der weiße Mantel schützt den Boden vor der polaren Kälte.

Die erstaunlichste Spezialität der Region, der *Vin de glace* (Eiswein), wird aus einer Lese im Dezember oder Januar bei Temperaturen von -8 bis $-12\,°C$ erzeugt, und die Eiskristalle werden in der Presse auf $-7\,°C$ gehalten. Diese sogenannte Gefrierkonzentration wird auch als Kryoextraktion bezeichnet. Der daraus gewonnene Saft enthält mehr Zucker und Säure – und damit Aromen – als der von Trauben, die bei Plusgraden gelesen und gepresst werden. Québec hält sich damit in Bezug auf Eiswein an die Regeln der Internationalen Organisation für Rebe und Wein (OIV).

Während 100 Kilogramm Trauben für gewöhnlich 80 bis 85 Liter Saft ergeben, erhält man unter den extremen Bedingungen in Québec meist gerade noch 12 bis 15 Liter. Die harte Arbeit bei eisiger Kälte, an deren Ende ein geringer Ertrag steht, machen den *Vin de glace* aus Québec zu einer begehrten und kostspieligen Spezialität. Eine 0,2-Liter-Flasche ist für rund 20 Euro erhältlich. Bei der Verkostung entfalten sich über einer wunderbaren Frische intensive Aromen von Aprikose, Mango, Honig und kandierten Früchten.

Québec und Ontario sind weltweit die größten Erzeuger für Eiswein. Doch auch in Deutschland, Österreich und im Elsass gibt es hier und da Winzer, die gemäß den Normen der OIV unter natürlicher Frosteinwirkung Eiswein keltern. Eine Kuriosität, die infolge des Klimawandels an Seltenheitswert gewinnen dürfte.

© Luc Villeneuve

Norwegian Sea

North Sea

Baltic Sea

Atlantic Ocean

Saint-Malo

FRANCE

Goriška Brda
SLOVENIA

Saint-Jean-de-Luz

Black Sea

N

500 km

Mediterranean Sea

Unterwasserwein

Was passiert mit Wein in Flaschen und Fässern unter Wasser?

Immer wieder stoßen Taucher auf Wracks von gesunkenen Handelsschiffen. Die dort geborgenen Weinflaschen sind auf Auktionen äußerst begehrt. Doch ist dieser Wein überhaupt noch genießbar? Wie reagiert Wein auf die besonderen Verhältnisse tief unter der Wasseroberfläche? Fakt ist: Die niedrigen Temperaturen unter Wasser verlangsamen zwar die biologische Zersetzung, doch diese wird wiederum von den Strömungen, denen die Flasche ausgesetzt ist, beschleunigt.

Welche Auswirkung es hat, wenn Wein unter Wasser gelagert wird, war bereits mehrfach Gegenstand verschiedener Experimente: Im Jahr 2005 versenkte das französische Champagnerhaus Drappier 660 Flaschen Champagner *Brut Nature* und *Grande Sendrée* im Golf von Saint-Malo und ließ diese dort in 17 Meter Tiefe ein Jahr bei einer Temperatur von 9 °C in völliger Dunkelheit ruhen. 2009 deponierte die slowenische Winzergenossenschaft Goriška Brda ebenfalls Weinkisten über mehrere Jahre in Süßwasser (https://klet-brda.si).

Der Franzose Yannick Heude, Weinhändler aus Saint-Malo und Präsident des Vereins „Immersion", untersucht, wie sich Weine unter Wasser entwickeln: „Der ins Meerwasser eingetauchte Champagner ist von der Farbe her etwas dunkler, gelblicher und perlt weniger stark, was die Annahme zu untermauern scheint, dass der Ausbauprozess im Wasser schneller vonstatten geht."

In der Bucht von Saint-Jean-de-Luz geht Winzer Emmanuel Poirmeur (facebook.com/emmanuel.poirmeur) noch einen Schritt weiter. Er begnügt sich nicht mit dem Ausbau. Gemeinsam mit baskischen Fischern installiert er Plastikfässer für den Gärprozess unter Wasser: „Mich interessiert das Verhalten der Hefe unter diesen besonderen Bedingungen. Früher hatten die Winzer stets das Wetter und den Luftdruck im Blick, der im Wasser unter Einwirkung der Gezeiten bis zu zehnmal stärker variiert. Die Temperatur liegt im Winter im Wasser bei 10 bis 13 °C, im Sommer bei 17 °C. Ich nutze also den Ozean als Energieressource, um Temperatur, Wärmeträgheit und Bewegung sowie Gegendruck zu generieren, die für die Erzeugung von Schaumweinen erforderlich sind. An Land könnte ich das unmöglich herbeiführen." 2007 ließ Emmanuel Poirmeur sein Verfahren patentieren, und an der Universität von Montpellier ist derzeit eine Dissertation zum Thema in Arbeit. Besondere Ehre gilt laut Poirmeur Jean-Louis Saget, der als Pionier auf diesem Gebiet bereits in den 1990er-Jahren Flaschen in Austernparks versenkt hat.

Poirmeur nutzt für sein Verfahren flüssigkeitsdichte, aber gasdurchlässige 500-Liter-Behälter aus Polyethylen (Flextanks) und fügt dem Inhalt wie bei der zweiten Gärung von Champagner Zucker und Hefe hinzu. Taucher bringen die Behälter an ihren Bestimmungsort unter Wasser und befestigen sie dort. Emmanuel Poirmeur erzeugt zwei Weine: einen zu 100 Prozent unter Wasser vergorenen Wein und einen weiteren mit einem Anteil von zehn Prozent, der unter Wasser vergoren wurde: „Zehn Prozent reichen aus, um den Geschmack zu verändern", ist er überzeugt. Die Assemblage ähnelt dem Vorgehen bei Barriqueweinen, und die so gewonnenen Erzeugnisse sind deutlich fruchtiger mit herrlich spritzigen Zitrusaromen von Limette und japanischer Yuzu.

Norwegian Sea

North Sea

Baltic Sea

Atlantic Ocean

FRANCE

SLOVENIA

CROATIA

Black Sea

Mediterranean Sea

N

500 km

© Pierrick Bourgault

14

Orange Wine

Werden weiße Trauben wie rote und mitsamt Schale vergoren,
entsteht Orange Wine

Weißwein entsteht durch Auspressen von (weißen oder roten) Trauben und anschließender Gärung des so gewonnenen Safts. Bei Rotwein ist die Reihenfolge umgekehrt: die (natürlich roten) Trauben werden zunächst vergoren und dann erst gepresst. So gelangen die Tannine aus den Kernen sowie die Farb- und Aromastoffe aus der Schale mit in den Traubenmost, der im Laufe einiger Tage zu Wein wird.

Einige wenige Winzer wenden diese zweite Methode auch auf weiße Trauben an. Der so erzeugte Wein zählt zu den Weißweinen, weist jedoch aufgrund der Kerne und der Schale eine kräftigere Farbe, komplexere Aromen und einen intensiveren Geschmack auf. Man bezeichnet einen solchen Wein als „mazerierten" Weißwein oder Orange Wine – nicht zu verwechseln mit Orangenwein, der durch Orangenzesten in mit Alkohol versetztem Weißwein entsteht.

In Slowenien erzeugt der Winzer Aleš Kristančič auf diese Weise aus Trauben der weißen Rebsorte Rebula seine Cuvée *Lunar*. Die Trauben werden entrappt (abgelöst) und in Barriquefässern aus dem Burgund auf der Schale vergoren. Das Gewicht lässt die Beeren aufplatzen, und die daraufhin einsetzende Gärung dauert sechs Monate. Die Fässer sind mit einer Öffnung versehen, durch die das freigesetzte Kohlendioxid austreten kann. Kristančič presst diese Traube nicht, sondern entnimmt lediglich den gewonnenen Saft und füllt diesen in Flaschen ab – und das bei Vollmond. Der Ertrag liegt bei dieser kelterfreien Methode kaum über 25 Prozent dessen, was beim Auspressen des Fassinhalts zu gewinnen wäre. Das zeigt sich natürlich auch am Preis der Flaschen, die deutlich teurer verkauft werden. „Ein großer Wein ist ein Wein, der Risiken eingegangen ist", versichert der medienaffine Winzer und mehrfache internationale Preisträger, der über 80 Prozent seiner Produktion exportiert.

Auch Giorgio Clai in Kroatien setzt auf die Gärung im Eichenfass nach Vorbild des Verfahrens, nach dem im Burgund Rotwein erzeugt wird – wenngleich dort niemand auf die Idee käme, seinen Weißwein auf diese Weise zu erzeugen. Nach dem Entrappen gären die weißen Trauben dreißig Tage. Anders als Aleš Kristančič nutzt Giorgio Clai eine Kelter: „Ich erzeuge meinen Rot- und Weißwein auf dieselbe Weise – mit Schale. Im ersten Jahr haben wir die Rappen (Stiele und Stängel) noch von Hand entfernt und die Trauben mit den Füßen gepresst. Von dieser altertümlichen Methode ist auch der Name des Weins, *Ottocento*, inspiriert: wie im 19. Jahrhundert!" Dieser außergewöhnliche Wein weist einen höheren Alkoholgehalt auf und ist garantiert kein Alltagswein: „Mein leichtester Weißer hat 15 Prozent", lacht der stets zu Späßen aufgelegte Winzer und ergänzt: „Meine Weine haben keine Angst vor der Küche! Es ist eher umgekehrt: Die Gerichte fürchten diese Weine!" Giorgio Clai baut ausschließlich Bio-Wein an. Er gibt weder Zucker noch Hefe bei. „Ich liebe es", schwärmt er, „im Wein den Geschmack des Jahres und der Gegend wiederzufinden, der immer wieder anders ist, je nachdem, ob es beispielsweise viel geregnet hat oder wenig."

Auch in Frankreich erzeugen immer mehr Weingüter Orange Wine, so auch Gérard Bertrand aus dem Languedoc. In der Touraine, in der Nähe von Azay-le-Rideau, erzeugt Marie Thibault-Cabrit ihre Cuvée *Vino Bianco* ausschließlich aus Sauvignon-Blanc-Trauben, die sie mehrere Monate „nach italienischer Art" auf der Schale in Fässern mazerieren lässt. Dies geschieht ganz ohne Zusatz von Hefe, um die Gärung auszulösen, und ohne Zuckerzugabe, um den natürlicherweise zu erreichenden Alkoholgehalt der Trauben zu erhöhen. Sulfite werden nur minimal zugegeben. Im Weinberg kommen zudem keine Herbizide zum Einsatz. Der gesamte Anbau steht im Zeichen der ökologischen Landwirtschaft, und die Lese erfolgt von Hand.

Marie Thibault-Cabrit

North Sea

UNITED-KINGDOM

NETHERLAND

English Channel

Cherbourg

Lille

BELGIUM

GERMANY

LUX.

Amiens

Reims

Metz

Paris

Nancy

Strasbourg

Brest

Rennes

Orléans

Belfort

Dijon

Besançon

SWITZERLAND

Nantes

Poitiers

FRANCE

Atlantic Ocean

Limoges

Clermont-Ferrand

Lyon

ITALY

Bordeaux

Nice

MONACO

Toulouse

Montpellier

Marseille

Perpignan

Ajaccio

SPAIN

Mediterranean Sea

N

100 km

Vin de Montmartre

Ein Weinberg mitten in der Großstadt und ein Relikt aus der Zeit, in der die Île-de-France die größte und florierendste Weinregion Frankreichs war

Im 2. und 3. Jahrhundert begeisterten sich die Parisii so sehr für den Wein aus Italien und Südgallien, dass sie damit begannen, auch in ihrer geliebten gallorömischen Stadt Lutetia Reben anzupflanzen. Angesichts des dort herrschenden Klimas reiften zwar nicht alle Trauben aus, doch der säuerliche Geschmack war beliebt und der kalkhaltige Boden erwies sich als günstig. Wie archäologische Ausgrabungen zeigen, entstanden im Laufe der Jahrhunderte immer mehr Werkstätten für Weinamphoren und Weinpressen in der reichen Stadt, was auf den entsprechenden Absatz der Produkte schließen lässt. Im Mittelalter pflanzten, ernteten und verarbeiteten in der Königsstadt die Mönche rund um die Pariser Abteien ihre Trauben mit der gleichen Hingabe wie im Burgund.

Auf dem Montmatre, im Herzen von Paris, liegt ein legendärer Weinberg. Von ihm und dem *Roi des vins et vin des rois* (*König der Weine und Wein der Könige*) weiß Alain Valentin, der große Geschichtenerzähler und Weinkenner der Commanderie de Montmartre, zu berichten: „Der Wein aus dem Viertel La Goutte d'Or war einst der Lieblingswein von König Ludwig IX. (auch bekannt als Ludwig der Heilige, 1214–1270), und wie es Brauch war, schenkte die Stadt Paris dem königlichen Palast zu jedem Krönungsjubiläum vier Muid* dieses kostbaren Göttertranks." Laut Valentin erlebte die Weinproduktion der Île-de-France schließlich im 18. Jahrhundert einen enormen Aufschwung. Mehr als 40.000 Hektar Anbaugebiet stillten damals das Verlangen einer wohlhabenden und dicht bevölkerten Region nach Wein. Da Qualität und Quantität jedoch nicht immer Hand in Hand gehen, handelte es sich bei dem in großen Mengen aus nicht ausgereiften Trauben erzeugten Wein meist um einen ziemlich säuerlichen Fusel, genannt *Guinguet*, der einem französischen Sprichwort zufolge zwar „wie ein Ziegenbock springt (frz. *guinguer* = springen), aber sich wie Molke trinkt". Wegen seines geringen Alkoholgehalts war der Wein nicht lange haltbar und wurde schnell sauer, wenn er nicht zügig durch die Kehlen der Gäste in den allgegenwärtigen Lokalen, den *Guinguettes*, rann.

---

* Altes Hohlmaß (von lat. modius = Maß, Scheffel), das regional variierte. In Paris entsprach ein Muid 268.220 Liter.

Im 19. Jahrhundert gelangten mit der Eisenbahn zunehmend hochwertigere und günstigere Weine aus dem Süden Frankreichs nach Paris. Das rasche Wachstum der Stadt trieb zudem die Grundstückspreise in die Höhe und ließ die Flächen für den Weinanbau stetig schrumpfen – und wenig später machte erst die Reblaus den Reben und dann der Erste Weltkrieg den Winzern den Garaus. So kam dort innerhalb von fünfzig Jahren die zweitausendjährige lokale Weinproduktion zum Erliegen.

Im Jahr 1933 pflanzte die Stadt Paris den winzigen Weinberg am Montmartre, nachdem Künstler wegen eines Bauprojekts in einem Weingarten auf der Nordseite des Hügels, der *Butte Montmartre*, auf die Barrikaden gegangen waren. Er sollte an jene Weinberge erinnern, die sich früher einmal auf dem sonnigeren Südhang befanden.

Für das Fest zur Weinlese und für die Cuvées vom Montmartre stehen seither jedes Jahr französische Künstler und Künstlerinnen Pate, wie die Sängerin Mistinguett, der Schauspieler Fernandel, die Schauspielerin Annie Cordy, der Chansonnier Maxime Le Forestier, die Sängerin Hélène Ségara oder die Schauspielerin Anne Roumanoff. Unter den 1800 Rebstöcken, die fast ausschließlich aus roten Rebsorten bestehen – 75 Prozent Gamay und 20 Prozent Pinot Noir, Seibel und Merlot – finden sich vereinzelt weiße Sorten wie Sauvignon Blanc, Gewürztraminer und Riesling. Heute ist das Rathaus des 18. Arrondissements das einzige in ganz Frankreich mit einem eigenen Weinkeller zur Vinifikation und Flaschenlagerung.

Wer sich für den *Clos Montmartre* interessiert, kann ihn während des Weinfests (*Fête des vendanges*), das meist im Oktober stattfindet, verkosten und ganzjährig im Musée de Montmartre (12, rue Cortot, 75018 Paris) erwerben. Einzelne ältere Flaschen sind, einem herrlich ehrlichen Hinweis auf der Website des Festkomitees zufolge, „nicht für den Verzehr geeignet". Seitdem ein professioneller Önologe mit von der Partie ist, hat sich die Qualität des Weins vom Montmartre jedoch erheblich verbessert.

Festliche Weinlese der beiden Rebstöcke des Bistros *Chez Mélac*, Paris, 11. Arrondissement

Die Renaissance des Weins der Île-de-France

Heute erlebt der Weinbau in Paris und in mehreren Gemeinden der Île-de-France ein Comeback. Die Kulturpflanze findet sich in Parks, öffentlichen und privaten Gärten und wird dort mal von Stadtgärtnern, mal von in Vereinen zusammengeschlossenen ehrenamtlichen Helfern und Helferinnen gehegt und gepflegt. Sie schneiden die Reben, lesen die Trauben und versuchen sich im hauseigenen Keller an der Weinherstellung. Die Trauben der zwei Rebstöcke des Bistrot Mélac (Paris, 11. Arrondissement) wurden mit Pomp und Gloria im Rahmen eines Straßenfestes geerntet und von Kinderfüßen gestampft. Die so erzeugten rund dreißig Flaschen Château Charonne verloste man bei einer Tombola als Gewinn. Nach rechtlich unsicheren Zeiten – die Herstellung von Alkohol ist und bleibt eine administrative Herausforderung – und nach einzelnen Vorkommnissen, bei denen der Zoll Weinpflanzen beschlagnahmte und Flaschen vernichtete, ist es den Vignerons Réunis Franciliens unter dem Vorsitz von Patrice Bersac und anderen Akteuren gelungen, Pflanzrechte für die Île-de-France zu erwerben. Sie erhielten zudem eine eigene geschützte Herkunftsangabe.

2015 gründeten die drei Partner der Winerie Parisienne in Paris und später in Montreuil eine professionelle städtische Kellerei, um dort in verschiedenen Regionen angekaufte Trauben zu verarbeiten. In einem zweiten Schritt begann das Trio in Davron, in der Plaine de Versailles, Chardonnay, Chenin, Pinot Noir und Merlot anzubauen. Mit einer Fläche von 27 Hektar ist die Domaine La Bouche du Roi mittlerweile das größte Weingut der Region. Lokale Landwirte, die der Klimaerwärmung zuvorkommen wollen, haben sich ihnen angeschlossen. 2019 wurde die erste Lese einer Parzelle Merlot in einem „Weinkeller" auf der ersten Ebene des Eiffelturms verarbeitet. Die Winerie Parisienne hat dabei ein Ziel vor Augen: „Wir wollen Paris zurück auf die Karte der Weinbauregionen bringen und dem Pariser Wein eine Zukunft aufbauen, insbesondere durch den Tourismus." Der „Pop-up-Keller" auf dem Eiffelturm wird nach zweieinhalb Jahren zwar abgebaut, aber ein paar Flaschen hat La Bouche du Roi von dieser ersten Eiffelturm-Cuvée noch vorrätig – ein starkes Symbol für die Renaissance von Wein aus der Île-de-France.

Vogelschutznetze aus den Weinbergen von Pierre Facon in Neuilly-Plaisance

Sortenreiner Bordeaux

Ein seltenes Beispiel für einen sortenreinen Bordeaux in einer Welt des Weins, in der die Assemblage verschiedener Rebsorten die Norm ist

Wenn ein Orchester mehrere Instrumente vereint, ein Parfümeur verschiedene Düfte kombiniert und ein Maler eine Reihe von Farben auf seiner Palette mischt, dann sind die Kellermeister im Weinbaugebiet von Bordeaux Dirigenten, Parfümeure und Künstler zugleich. Um einen Bordeaux-Rotwein zu erzeugen, verbinden sie die Rebsorten, die in der Appellation zugelassen sind: Merlot, Cabernet Sauvignon, Cabernet Franc und Malbec plus einige Raritäten wie Petit Verdot, Villard Noir, Carménère und Fer Servadou. Die drei erstgenannten machen 99 Prozent der Rotweinflächen aus. Die Trauben jeder Sorte werden zu ihrem jeweiligen Reifezeitpunkt gelesen und in separaten Behältern vinifiziert. Nach reiflicher Überlegung und nach umfangreichen Tests „vermählt" man die Weine in einem Vorgang, der als Assemblage bezeichnet wird. Jede Sorte bringt so ihre Qualitäten ein, bis sich alles zu einem ausgewogenen Ganzen fügt. Eine terminologische Anmerkung am Rande: Die Begriffe Mischung, Coupage oder Verschnitt sind eher negativ besetzt und werden in der Regel für mittelmäßige Weine verwendet. Wer sich gewählt ausdrückt, spricht von Assemblage oder Cuvée.

Auch in Appellationen, in denen nur eine Rebsorte verarbeitet wird – Pinot Noir im Burgund, Gamay im Beaujolais –, keltern Winzer ihre Parzellen je nach klimabedingter Reife und Terroir getrennt voneinander und assemblieren sie später. Die Qualität der einzelnen Reben bestimmt dabei das Gesamtergebnis.

Im Bordeaux geht die Tradition der Assemblage auf die Zeit zurück, in der weiße und rote Trauben gemeinsam zur Herstellung des *Clairet* (auch: *Claret*) gepresst wurden, der als Exportwein per Schiff in das heutige England und die Länder des Nordens ging. Tatsächlich ist es ein altes Winzergebot, Rebsorten mit versetzten Reifezeiten und unterschiedlicher Empfindlichkeit anzubauen, um die mit Regenperioden und Krankheiten einhergehenden Risiken des Ertrags zu verringern.

Nach der verheerenden Reblaus-Katastrophe Ende des 19. Jahrhunderts schien im Bordeaux das Ende der erfolgreichen Rebsorte Carménère besiegelt zu sein. Doch es existierten noch Rebstöcke dieser Sorte im südamerikanischen Chile, und einige wenige Winzer im Bordelais pflanzten Carménère schließlich ab 1991 wieder in ihren Weingärten an, obwohl sie geringe Erträge bot und zum Verrieseln (Befruchtungsstörung der Blüten durch Regen) neigt.

Henri Duporge auf Château Le Geai hat sich mit seinem Pure Carménère dabei ganz von der Assemblage-Methode abgewendet. Sein biologisch angebauter, chemiefreier Wein ist sortenrein – und bei einem geringen Ertrag von rund 20 Hektolitern pro Hektar eine echte Rarität. Auch das Château Belle-Vue im südlichen Médoc erzeugt Bordeaux sortenrein aus 100 Prozent Petit Verdot.

Im Jahr 2021 hat das INAO, das französische Institut für Ursprung und Qualität, als Reaktion auf die Klimaerwärmung vier neue, später reifende Rebsorten zugelassen: Arinarnoa, Castets, Marselan und Touriga Nacional. Ziel ist es dabei jedoch nicht, sortenreine Weine zu erzeugen, sondern die Möglichkeiten der Assemblage zu erweitern, um den Stil des Bordeaux-Weins für zukünftige Zeiten zu erhalten.

Ein Wein als historisches Denkmal

Ein um 1820 im Département Gers angepflanzter Weinberg

Dass Kulturpflanzen in die Liste der historischen Denkmäler aufgenommen wurden, war in Frankreich bislang ein einzigartiger Fall. Es handelt sich um die Rebstöcke in einem Familiengarten in Sarragachies im Val d'Adour (Gers), die von der Reblausplage im 19. Jahrhundert verschont geblieben waren und der Rodung bis heute entgangen sind. „Die Großmutter meiner Großmutter bezeichnete die Stöcke damals bereits als alt", erzählt René Pédebernade, der mit seinen 87 Jahren noch rüstig im Weinberg steht und nach alter Technik seine Reben mit Weidenruten festbindet. René erinnert sich auch, dass früher jede Familie aus Sarragachies einen Weingarten mit roten und weißen lokalen Varietäten besaß und eigenen Hauswein, heute würde man sagen „Garagenwein", erzeugte. Der denkmalgeschützte Rebgarten in Sarragachies wurde nach Schätzungen von Experten der Sup Agro Montpellier, dem französischen Institut für Weinbau und Wein (IFV) und dem Nationalen Institut für Agronomieforschung (INRAE) um das Jahr 1820 angepflanzt. Er weist einige erstaunliche Besonderheiten auf. Auf den ersten Blick sieht man schon die alte Doppelstockpflanzung, bei der, vermutlich um Holz zu sparen, auf jede Pflanzstelle zwei Stecklinge kommen. Auf jeweils zwei Quadratmetern bleibt rundum ausreichend Platz, um mithilfe von Pferden oder Rindern Unkraut zu beseitigen und den Boden zu pflügen. Dem sandigen Boden war es zu verdanken, dass sich die Reblaus hier nicht ausbreiten konnte und die Rebstöcke die verheerende Plage überdauern konnten. Das Pflanzendenkmal entkam in den darauffolgenden Jahrzehnten auch der Rodung, da der Familiengarten weder rentabel sein musste noch gezwungen war, sich in Sachen Rebsorten nach der Mode zu richten. Andernorts wurden alte Rebstöcke rigoros ersetzt – sei es, weil sie zu wenig Ertrag lieferten oder sich die Winzer an die zugelassenen und zertifizierten Klone hielten. In den 1980er-Jahren begünstigte zudem die Deklaration als Ursprungsbezeichnung die Rodung und Neuanlage zahlreicher Parzellen. Die Gesetze des Marktes und Anreize der Verwaltung und landwirtschaftlichen Berater haben im Hinblick auf die Biodiversität nicht weniger Schaden als die Reblausplage angerichtet.

27

Renés Sohn, Jean-Pascal Pédebernade, verkauft seine Trauben wie rund tausend andere Winzer an Plaimont Producteurs. „Zwei Aspekte haben uns dazu bewogen, uns für den Erhalt alter Rebsorten einzusetzen", erläutert Olivier Bourdet-Pees, Generaldirektor der Genossenschaft. „Wir setzen uns für diese Rebsorten ein, weil sie unter den besonderen lokalen Bedingungen gewachsen und perfekt an die hiesigen Niederschlagsmengen angepasst sind. Außerdem verliert die biologische Vielfalt immer mehr an Boden. Während die zwanzig meistgepflanzten Sorten 1950 nur 47 Prozent der gesamten Produktion ausmachten, sind es heute bereits 86 Prozent!"

Eine Genanalyse der uralten Rebstöcke in Sarragachies ergab zwanzig unterschiedliche Sorten, darunter sieben heute gänzlich unbekannte. Eine der unbekannten Rebsorten, die auf der Parzelle von Sarragachies gefunden wurden, ist Pédebernade Nr. 1. Im Rahmen eines Tests im kleinen Stil gekeltert, ergab sie einen Wein mit einem Alkoholgehalt von gerade einmal 7 Prozent. Für Olivier Bourdet-Pees von Plaimont Producteurs ist genau dieses Merkmal Anlass zur Hoffnung: „In Norwegen wird die Steuer anhand des Alkoholgehalts berechnet. Niedrigprozentiger Wein ist also ein echtes Zukunftsversprechen!" Manche Winzer haben verstanden, dass Biodiversität eine Chance ist, um sich an den im Wandel befindlichen Markt, ein verändertes Verbraucherverhalten und an die Klimaerwärmung anzupassen.

Männliche und weibliche Reben in einer Welt des Weins, in der die aktuell zugelassenen Rebsorten alle einhäusig sind

Noch eine Kuriosität: Im Weingarten von Sarragachies finden sich weibliche Reben mit Trauben und männliche Reben ohne Trauben. Dies ist in der heutigen Zeit eine Seltenheit, denn seit langem nehmen Winzer die Selektion sogenannter hermaphroditer Jungpflanzen vor, die zugleich männlich (befruchtend) und weiblich (Früchte tragend) sind. Aus diesem Grund sind die aktuell zugelassenen Sorten durchweg einhäusige Reben mit Zwitterblüten, die männliche und weibliche Sexualorgane in einer Blüte vereinen.

© Pierrick Bourgault

North Sea

UNITED-KINGDOM

NETHERLAND

English Channel

Cherbourg

Lille

BELGIUM

GERMANY

LUX.

Amiens

Reims

Metz

Paris

Champagne Cattier

Nancy

Strasbourg

Brest

Rennes

Orléans

Belfort

La Table Rouge

Dijon

Besançon

SWITZERLAND

Nantes

La Maison Romane

Poitiers

FRANCE

Limoges

Clermont-Ferrand

Lyon

ITALY

Atlantic Ocean

L'Enclos

Bordeaux

Nice

MONACO

Toulouse

Montpellier

Marseille

SPAIN

Perpignan

Ajaccio

Mediterranean Sea

N

100 km

Pferde im Weinberg

Eine alte Tradition, die Winzer in den letzten Jahren wiederbeleben

Archäologische Funde in Pompeij weisen darauf hin, dass dort bei der Arbeit im Weinberg Zugtiere zum Einsatz kamen, was auch der römische Gelehrte Plinius der Ältere in seiner *Naturalis historia* bestätigt.

Im 20. Jahrhundert geriet die Nutzung von Arbeitstieren im Weinberg immer mehr in den Hintergrund. Der 1914 noch zu Pferde begonnene Erste Weltkrieg endete vier Jahre später mit knallenden Verbrennungsmotoren, die unermüdlich und leistungsstark arbeiteten und nicht auch dann gefüttert werden mussten, wenn sie nicht gebraucht wurden. Nach dem Krieg wurden in den Panzerfabriken Traktoren gebaut, um die fehlenden helfenden Hände auf den Höfen zu ersetzen. Das Pferd hatte ausgedient.

Während ein Mann und ein Pferd pro Stunde rund 0,1 Hektar Fläche zwischen den Rebstöcken bestellen kann, schafft ein Traktor dieselbe Arbeit fünfmal schneller und effizienter, selbst wenn man die Ertragsverluste und Kosten einkalkuliert, die durch beschädigte und neu angepflanzte Pflanzen entstehen. Ein Mann bearbeitet mit einem Pferd im Jahr also durchschnittlich 7 bis 8 Hektar Weinberg. Mit einem Traktor sind es rund 50 Hektar (wobei diese Zahlen freilich von der Lage und Beschaffenheit der Flächen abhängen).

Und doch spricht vieles für Pferde im Weinberg. Neben ökologischen Aspekten (keine Anschaffung von Maschinen, kein Benzin, keine Abgase) und der Tatsache, dass Pferde sich mit lokalen Futtermitteln ernähren lassen (Weideland, Getreide ...), schätzen Winzer an ihnen vor allem ihre agronomischen Vorteile.

Bodenbearbeitung. Auf den Quadratzentimeter betrachtet mag das Gewicht eines Pferdehufs den Boden stärker verdichten als ein breiter Niederdruckreifen. Und doch schadet ein Pferd dem Boden weniger als ein Traktor, wie der Winzer Oronce de Beler von La Maison Romane (Burgund) aufzeigt. Die Reifen eines Fahrzeugs formen auf dem Boden einen festen Rollstreifen. Dieser gleicht einem dichten Erdwall, der Regenwürmern und Wurzeln den Weg versperrt und dem Bodenleben ebenso schadet wie dem Wachstum des Weinstocks. Die Vibrationen des Motors verdichten den Boden zusätzlich, selbst bei Traktoren mit Raupenantrieb. Die Bodenbearbeitung mithilfe von Pferden sorgt dagegen für eine bessere Bodenbelüftung und sichtbar feinere Bodenaggregate – und der Wein profitiert von einem solchen Terroir. Oronce de Beler bewundert zudem die Wendigkeit von Pferden in steilen Hanglagen und ihre Fähigkeit, auf wenigen Quadratmetern kehrtzumachen. Dabei verhindern ihre Intelligenz und ihr Gleichgewichtssinn Unfälle.

© Pierrick Bourgault

Behutsamkeit und Präzision. Nach Meinung des Winzers Philippe Chigard (Touraine) ist in alten, ausgesetzten und komplizierten Weinlagen das Pferd dem Traktor weit überlegen. Der Traktor bricht sich ohne Rücksicht auf Verluste Bahn und beschädigt regelmäßig Rebstöcke. Mit Blick darauf, dass noch die Enkelkinder in den Genuss des besten Safts der vom Großvater angepflanzten Rebstöcke kommen sollen, bevorzugt Chigard das Pferd im Weinberg, denn es ist behutsamer als der Traktor – und seine Arbeit nachhaltiger.

Nähe zur Natur. Oronce de Beler erlebt die Beziehung zu seinem Arbeitstier und zu seinem Weinberg als äußerst positiv: „Du sitzt nicht oben auf dem Traktor und auch nicht in einer klimatisierten Kabine, sondern stehst in direktem Kontakt zu deinem Land. In einem Traktor verliert man den Bezug zu den Pflanzen." Das bestätigt auch Philippe Chigard: „Die Arbeitstiere geben dir ein Gefühl für die Natur zurück! Der Winzer hat einen sensibleren Blick dafür gewonnen, warum seine Rebstöcke in einem Teil der Parzelle verkümmern und an anderer Stelle besser gedeihen – Stein, Kalk, Lehm. Das, was der Großvater noch wusste und wir vergessen haben."

Biologische Landwirtschaft. Für die Arbeit mit dem Pferd ist eine biologische Landwirtschaft Voraussetzung. Für Philippe Chigard sind Pflanzenschutzmittel ein absolutes No-Go: „Pferde haben empfindliche Schleimhäute und müssten die ganze Zeit husten. Und ihnen wie im Ersten Weltkrieg Gasmasken aufzusetzen ist ja auch keine Lösung. Selbst Brennesseljauche kann schon zu aggressiv sein. Wenn ein Pferd damit in Berührung kommt, müssen wir es sofort abwaschen." Chigard setzt auf den Einsatz von Rückensprühgeräten mit entsprechender Schutzausrüstung.

Wohlbefinden. Einig sind sich alle Winzer, die mit Pferden arbeiten, dass die Abwesenheit lauter Motoren im Weinberg ein wahrer Segen ist und die Arbeitspferde das Wohlbefinden fördern: „Es ist wie ein kleines Paradies." Mit Tieren in der Natur zu arbeiten schafft eine Atmosphäre der Harmonie. Davon ist auch der Winzer Nicolas Joly (Loire), einer der Pioniere des biodynamischen Weinbaus, überzeugt.

> Doch wie viele Weingüter setzen heute auf die Arbeit mit Pferden? Einige gelegentlich, andere nur zu bestimmten Anlässen, und wieder andere regelmäßig. Eine konkrete Zahl ist kaum zu nennen. Am berühmtesten ist in diesem Zusammenhang wohl Château Latour (Bordeaux), das seine legendäre 47-Hektar-Lage Enclos mit dem Pferd bestellt. Biologische Pflanzenschutzmittel werden mit dem Rückensprühgerät ausgebracht, Kupfer und Schwefel trotz Bodenverdichtung mit dem Traktor, um bei Bedarf schnell reagieren zu können.
>
> Philippe Chigard züchtet am Rande des Waldes von Amboise sieben Zugpferde eigens für den Weinbau und bildet seine Mitarbeiter für das Fahren mit dem Pferdekarren aus. Für Chigard beinhaltet die Arbeit mit den Pferden noch einen weiteren Aspekt: „Im Weinbau mit Pferden zu arbeiten dient auch dem Schutz vom Aussterben bedrohter Pferderassen wie Auxois, Comtois, Ardennais oder Breton ..."
>
> Auch die Familie Cattier (Chigny-les-Roses) aus der Champagne greift für verschiedene Arbeiten im Weinberg auf Pferde zurück.

Vignoble de la Coulée de Serrant

Biodynamischer Weinbau mit Nicolas Joly

Kontrollierte Ursprungsbezeichnungen – sei es AOC, DOC oder DOP – verfolgen das Ziel, Verbrauchern durch ihre Reben und Weine den garantierten Geschmack eines bestimmten Ortes nahezubringen. Nach Meinung von Nicolas Joly, Winzer aus der Nähe von Angers, birgt diese an sich geniale Idee grundsätzliche Probleme. Joly nennt vier Aspekte: „Zum einen töten die eingesetzten Unkrautvernichtungsmittel die im Boden lebenden Mikroorganismen, aus denen die Pflanzen ihre Nahrung ziehen. Das ist für die Reben ungefähr so, als würde man sie gefesselt und geknebelt an einen reich gedeckten Tisch setzen. Zweiter Haken: An die Stelle von Wachstum mittels der im Boden vorhandenen Nährstoffe treten chemische Dünger, also Salze. Wer jedoch zu viel Salz zu sich nimmt, wird durstig und trinkt mehr Wasser. Das durch chemische Dünger hervorgerufene Pflanzenwachstum geht zum Großteil auf Wasser zurück. Der Wasserüberschuss bedingt verschiedene Krankheiten und führt zur Schimmel- und Pilzbildung. Dagegen werden Pestizide eingesetzt, die wiederum auf den gesamten Organismus wirken. Konsequenz: Die Erträge sind zwar reich, aber der Wein trägt keine ureigenen Merkmale des Bodens oder der vorherrschenden Klimabedingungen mehr in sich. Hinzu kommt der Einzug einer Technologie im Weinkeller, die alle Unwägbarkeiten der Landwirtschaft korrigiert, ohne dass Verbraucher darüber informiert werden. Ich denke da an die schrecklichen Aromahefen (von denen gibt es mehr als 300), die den Wein nach Zitrusfrüchten oder schwarzer Johannisbeere schmecken lassen. Sie berauben den Wein seiner Herkunft und machen ihn austauschbar – weltweit."

Die Antwort von Nicolas Joly auf diese strukturelle Sackgasse ist eine biodynamische bzw. „biologisch-dynamische" Landwirtschaft. Die Idee ist nicht neu: Bereits um 1920 suchten deutsche Agronomen in großer Sorge angesichts der technischen Modernisierung und der Auswirkungen von Düngemitteln auf die Bodenfruchtbarkeit Rat bei „anthroposophischen" Philosophen. Rudolf Steiner hielt dazu 1924 eine Reihe von Vorträgen, die in seinem komplexen Werk *Landwirtschaftlicher Kurs* zusammengefasst sind. Heute findet die Bezeichnung „Biodynamie" insbesondere im Weinbau Anwendung. Die Verbindung zweier positiv belegter Begriffe suggeriert ein landwirtschaftliches Handeln „im Einklang mit der Natur". Winzer, die biodynamisch arbeiten, folgen den Vorgaben der biologischen Landwirtschaft: keine chemischen Düngemittel, keine synthetischen Pestizide und eine Weinherstellung mit weniger Zusatzprodukten als bei „herkömmlichem" Wein. Doch biodynamische Winzer sind auch für ungewöhnliche „Zubereitungen" bekannt, die das Gedeihen der Pflanzen fördern sollen, wie Schachtelhalmtee, Brennesseljauche oder „Hornmist", für den Kuhdung monatelang in einem Rinderhorn gelagert wird. Biodynamische Winzer halten sich zudem an den Mondkalender und führen bestimmte Arbeiten nur an „Wurzeltagen" oder „Blatttagen" aus. Weitere Maßnahmen sind das Abspielen von Musik in den Weinbergen und im Keller (siehe Seite 110). Zum biodynamischen Weinbau gehört die Ablehnung, Triebe einzukürzen, wie andere Winzer das tun, um das Wachstum der Pflanze zu unterbrechen und zu erreichen, dass diese ihre Energie in die Trauben steckt.

Für Nicolas Joly, Jahrgang 1945, ist die Biodynamie weder ein Rezept noch ein modisches Verkaufsargument oder poetisches Storytelling. In der Weinwelt ist Joly als der Mann bekannt, der bereits 1984 begann, seinen Weinberg La Coulée de Serrant in der Nähe von Angers auf eine biodynamische Bewirtschaftung umzustellen. Seitdem ist er auf der ganzen Welt unterwegs, um diese radikal andere Vision der Landwirtschaft zu verbreiten.

Mit seinen 7 Hektar Fläche ist La Coulée de Serrant nicht nur eine der kleinsten Weinappellationen, sondern sie ist auch fest in den Händen der Familie des Biodynamie-Pioniers Nicolas Joly. Aber wie funktioniert die Biodynamie? Joly hat dazu einige Fragen beantwortet.

Wie kann ein Kräuteraufguss Pflanzenkrankheiten bekämpfen?

Nicolas Joly : Die klassische Landwirtschaft wirkt auf physischer Ebene, zum Beispiel durch den Einsatz von Kalisalz oder Stickstoff. Die Biodynamie setzt dagegen auf der feinstofflichen Ebene an. Landwirte wissen, dass ihre Ernte (abgesehen vom Wasser) der Fotosynthese zu verdanken ist, also der von der Pflanze aufgenommenen Energie. Die Biodynamie arbeitet nach dem Gedanken des Empfangens. Sie setzt auf der Ebene an, in der eine Pflanze die ihr innewohnenden Kräfte in Materie umwandelt.

Ist die natürliche Verbindung gestört?

N.J. : Ja, Tausende von Satelliten und Antennen sättigen die Atmosphäre. Jedes Mobiltelefon, jedes GPS-Gerät erzeugt Frequenzen, die den kosmischen Frequenzen sehr nahekommen. Sie bringen die Ordnung des Systems durcheinander, das der Erde Leben schenkt. Das ist sogar noch schlimmer als die 50 Hertz einer Hochspannungsleitung, denn eine falsche Note stört umso mehr, je näher sie der richtigen Frequenz kommt.

Worin liegt die Gefahr dieser Frequenzen?

N.J. : Sie sind meiner Meinung nach für viele der heutigen Krankheiten verantwortlich. Wir bestehen letztlich aus Schwingungen. Gesundheit ist ein Gleichgewicht aus Tausenden von Mikrorhythmen. Eine erzwungenermaßen auferlegte Dominante stört das Gefüge. Für junge Menschen, die in einer solchen Umgebung geboren werden, besteht Gefahr, dass ihr Gesundheitskapital bald erschöpft ist. Das muss aufhören, trotz des riesigen Markts der Informationstechnologien. Je nachdem, welche genetischen Voraussetzungen man mitbringt und wie man sich ernährt, hält man dem besser oder schlechter stand.

Welchen Weg sollte die Landwirtschaft einschlagen?

N.J. : Die Landwirtschaft sollte wieder zu einer Kunstfertigkeit werden und die Kräfte an einem Ort zu bündeln, die Pflanzen und Tiere brauchen, um ihr Potenzial und das ihres Terroirs bestmöglich zum Ausdruck zu bringen. Es geht darum, nichts in den Boden und den Wein einzutragen und den natürlichen Entwicklungen Raum zu geben. Dann erhält man im Ergebnis den wahren Geschmack eines Ortes und eines Bodens, den der Rebstock über seine Wurzeln und, wie eine Antenne, über seine Blätter aufnimmt. Das gelingt jeder Rebsorte auf eigene Weise, so wie auch drei Künstler vor derselben Landschaft drei verschiedene Gemälde malen.

Wie entscheidend sind die Erträge?

N.J. : Der Ertrag ist ein entscheidender Faktor. Wenn wir zu dem Ertrag zurückkehren, den die Erde auf natürliche Weise hervorzubringen in der Lage ist, gibt es weniger Krankheiten und hochwertigere Erzeugnisse – ganz ohne chemische Mehrkosten. Das hängt aber selbstverständlich von der finanziellen Situation eines Betriebs ab.

Was halten Sie von biologischer Landwirtschaft?

N.J. : „Bio" ist der erste Schritt, denn biologische Landwirtschaft verhindert den Eintrag von synthetischen Stoffen, die ein Ungleichgewicht schaffen. Man ernährt sich nicht von Materie an sich, sondern von der in dieser enthaltenen Energie. Ein chaotischer und unorganisierter Konsum führt schließlich zu einem unorganisierten Selbst. „Bio" sagt der Natur: Wir respektieren dich und du machst deine Arbeit. „Bio" ist großartig, aber leider nicht ausreichend.

Wirkt Biodynamie nicht wie ein Placebo auf die Verbraucher?

N.J.: Diesen Placeboeffekt hat sie für den Landwirt und die Pflanzen! Ein und dieselbe Behandlung, einmal durchgeführt voller Enthusiasmus und ein andermal voller Gleichgültigkeit, führt zu völlig unterschiedlicher Wirkung. Wie der grüne Daumen beim Gärtnern, für den es bis heute ja keine Erklärung gibt, verleiht der Placeboeffekt dem Menschen, der mit der Kraft seiner Gedanken und seines Herzens über dem Mineral-, Pflanzen- und Tierreich steht, unvergleichliche Kraft. Der Mensch ist hier der Kapellmeister. Die Musiker aber sind Ort, klimatische Bedingungen, Landschaft und Bodenbeschaffenheit.

Wo liegen die Grenzen?

N.J.: Eine Zertifizierung als biodynamischer Betrieb ist noch keine Garantie dafür, dass die Biodynamie auch im Wein ihren Ausdruck findet. In der Biodynamie variieren die Ergebnisse je nach Verständnis des Landwirts und der Aufrichtigkeit seines Engagements, so wie Musik je nach Musiker und Instrument unterschiedlich klingt. Selbst eine seriöse Zertifizierung wie beispielsweise Demeter kann keine vollumfänglich biodynamische Herstellung der Erzeugnisse zusichern.

Wie lässt sich die Qualität eines Weins einschätzen?

N.J.: Lassen Sie die Flasche nach dem Verkosten erst einmal stehen und probieren Sie den Wein am nächsten Tag noch einmal. Ein konventioneller Wein haucht schnell sein Leben aus. Biodynamischer Wein ist dagegen wie ein junger Mensch, der erst geweckt werden muss: er explodiert. Die Oxidation rüttelt das Lebendige in ihm wach. Hat der Wein aber nicht genug Leben, stirbt er schnell ab. Mit dieser Methode kann man auch testen, ob ein Wein zehn Jahre Keller übersteht.

© Pierrick Bourgault

UNITED-KINGDOM

North Sea

NETHERLAND

English Channel

Lille

BELGIUM

GERMANY

Cherbourg

Amiens

LUX.

Reims

Metz

Paris

Nancy

Strasbourg

Brest

Rennes

Orléans

Belfort

Dijon

Besançon

SWITZERLAND

Nantes

Poitiers

FRANCE

Atlantic Ocean

Limoges

Clermont-Ferrand

Lyon

Château Blissa

ITALY

Bordeaux

Toulouse

Montpellier

Nice

MONACO

Marseille

Perpignan

Ajaccio

SPAIN

Mediterranean Sea

N

100 km

Bordeaux-Wein mit Trockeneis

Eine innovative, spektakuläre – und chemiefreie Technik

Ohne Chemie und ganz natürlich: Die dichte Dampfwolke, die aus dem Fass austritt, ist schlicht Kohlendioxid und damit nichts anderes als das CO_2 aus unserer Atemluft. In den Côtes de Bourg in der Nähe von Bordeaux erzeugt Stéphane Destrade einen Teil der Ernte seines Weinguts Château Blissa mit Trockeneis, um die Frische der Frucht zu bewahren.

Und so funktioniert das ungewöhnliche Verfahren: Zunächst lässt Destrade die Trauben für die klassische Kaltmazeration vor der Gärung in einem neuen Eichenfass sechs Tage bei einer Temperatur von 6 °C ruhen. Alle sechs Stunden gibt er Trockeneis hinzu, um die Temperatur niedrig zu halten. Die Trauben werden so, wie der Name schon sagt, einige Tage vor der Gärung kalt mazeriert, ein Verfahren, das häufig bei Weißwein zum Einsatz kommt und zu fruchtigeren Aromen führt, als wenn man die Trauben von der Lese an bei Raumtemperatur gären lässt. Das ist in etwa so „wie ein Eintopf, der besser schmeckt, wenn er langsam bei niedriger Temperatur vor sich hin köchelt, als wenn im Schnellkochtopf zubereitet wird", erklärt Destrade.

Doch der Erhalt fruchtiger, fragiler Aromen hat seinen Preis, denn aufgrund des Bedarfs an Lagerraum und Energie (Strom oder Trockeneis) für die Kühlung ist die Kaltmazeration vor der Gärung eine recht teure Angelegenheit.

Sechs Tage nach der Lese gibt Destrade erneut Trockeneis (bei $-78,5\,°C$ verfestigtes Kohlendioxid) auf die Trauben. Aus den Fässern treten daraufhin beeindruckende weiße Rauchwolken aus. Die Trauben platzen auf. Stéphane Toutoundji, Önologe des Château Blissa, erläutert die Vorteile dieses Verfahrens: „Es sorgt für weichere Tannine und für insgesamt spannendere Weine, denn es erzeugt eine interessante Aromenbalance. Die Weine sind außerdem stärker gefärbt und schmecken fruchtiger. Das Eis wirkt wie ein Sorbet und holt das Beste aus der Frucht heraus. Und noch ein Vorteil: Die Sättigung mit Kohlendioxid verhindert die Oxidation der Trauben."

Während der sechstägigen Gärung bei $18\,°C$ wird der Fassinhalt aus Beeren, Saft und Schale für einen homogenen Gärprozess beständig mit einem Rührstab durchmischt (*Pigeage*) und die Maische nach oben gepumpt (*Remontage*). Wie beispielsweise bei Tee gilt: Je stärker gerührt und das Material extrahiert wird, desto tanninhaltiger und farbkräftiger wird das Ergebnis. Anschließend wird der Wein beiseitegestellt, bis der Böttcher den Deckel auf das Fass aufsetzt, in dem der Wein seine Entwicklung vollenden wird.

In seinem früheren Leben war Stéphane Destrade Banker in London. Er gab alles auf, um das Familiengut zu übernehmen und um Wein zu erzeugen, wie er ihn mag: fruchtig, sehr frisch, rein, mit seidigen Tanninen. Destrade bietet eine Weinbereitung der neuen Generation, wie sie in den traditionellen Bordeaux-Schlössern selten ist.

© Tonnellerie Quintessence

41

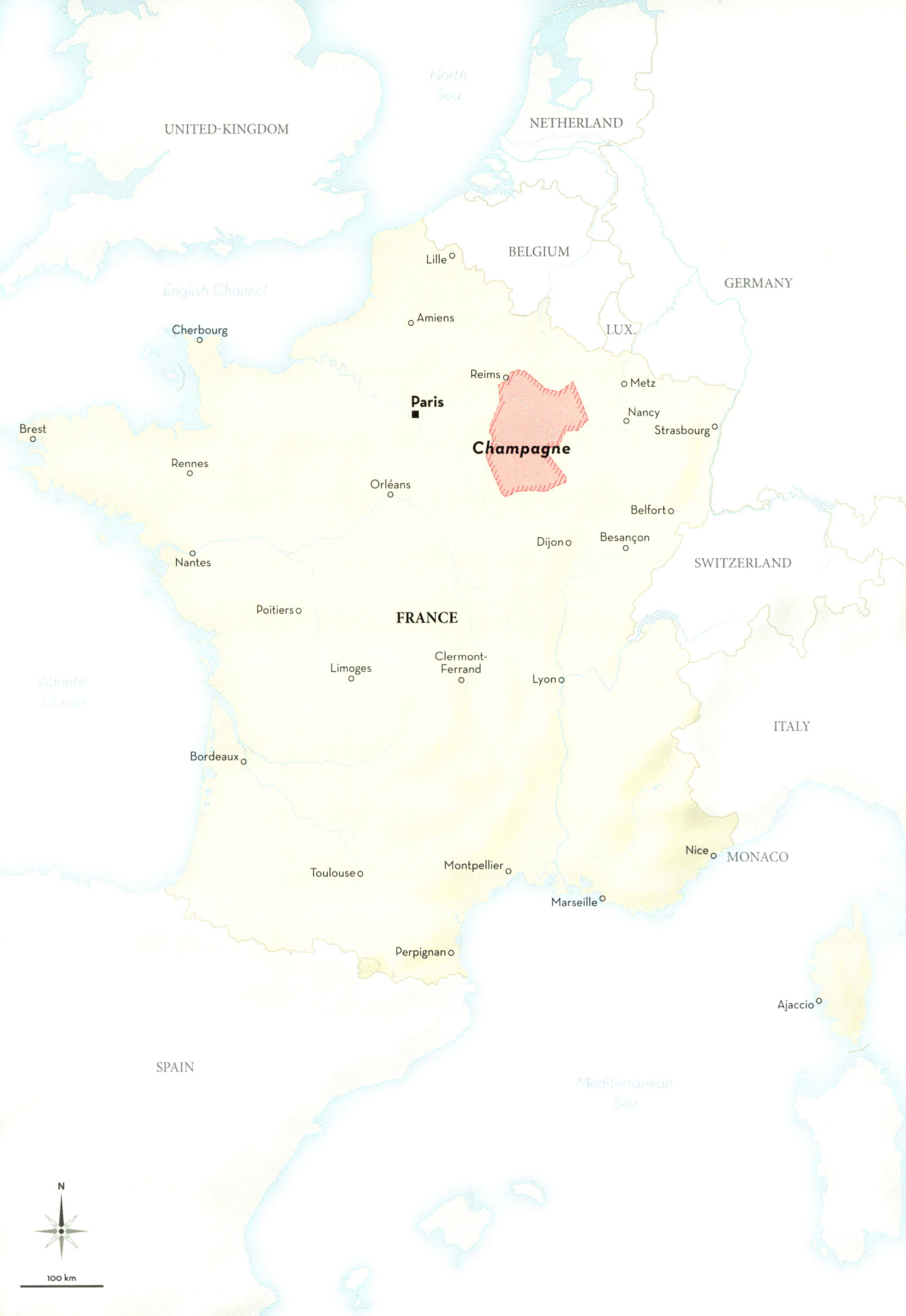

Rosé-Champagner: eine Abweichung von der Regel

Warum stammt weißer Champagner oft aus dunklen Rebsorten?
Was ist ein Blanc de Blancs – und was hat es mit rotem Champagner auf sich?

Erste Überraschung: 88 Prozent der Champagnerflaschen enthalten Weißwein, während 70 Prozent der Anbauflächen in der französischen Champagne mit dunklen Trauben bepflanzt sind. Pinot Noir ist die klassische Rebsorte für große Rotweine im Burgund, doch aus dieser dunklen Rebsorte entsteht in der Champagne wundersamerweise der *Blanc de Noirs* (franz. wörtlich: „Weißer aus schwarzen Trauben"). Dies geschieht in einem Verfahren, bei dem penibel darauf geachtet wird, dass keine Farbe aus der Traubenschale in den Presswein eingetragen wird. Wäre es nicht logischer, Weißwein aus weißen Trauben zu erzeugen? Sicher, doch Pinot Noir verleiht dem Wein eine körperreiche Struktur und ein feines, kräftiges Bouquet mit schöner aromatischer Komplexität – und das passt ideal zum Charakter der großen Champagnerweine. Die Lese erfolgt von Hand in ganzen Rispen, die behutsam in Kästen transportiert und schnell ausgepresst werden. Der Einsatz von Erntemaschinen ist verboten, da diese die Beeren ansaugen und zerkleinern, sodass die Schalen den Saft einfärben würden. „Ein schöner weißer Champagner zeugt vom Können des Winzers", schwärmt Hubert de Billy aus dem Hause Pol Roger. Und ein Rosé-Champagner? „Der galt lange Zeit als Makel, ja fast schon als ein Sakrileg", erklärt er.

In diesem Zusammenhang ist eine Abweichung von den Regeln bemerkenswert. Der berühmte *Blanc de Blancs* stammt aus der weißen Rebsorte Chardonnay, die nur 30 Prozent der Anbauflächen einnimmt. Für die Erzeugung von Rosé-Champagner, der 12 Prozent der Produktion ausmacht, wird dem Weißwein etwas Rotwein aus der Region hinzugefügt. Diese Mischung ermöglicht eine präzise Kontrolle der Farbe – bei einem Luxus- und Modeprodukt ein wichtiger Faktor. Aber ist es denn theoretisch nicht verboten, Roséwein durch Mischen von Weiß- und Rotwein herzustellen? Theoretisch ja, doch beim Champagner erfolgt für die „Prise de mousse" (der Schritt, in dem der Champagner seinen Schaum ausbildet) eine zweite Gärung. Dadurch unterscheiden sich die mit den Sinnen wahrnehmbaren Eigenschaften des Champagners von den einfach miteinander vermischten Weinen unterschiedlicher Farbe.

Die Gyropalette dreht die Flaschen automatisch innerhalb weniger Tage auf den Kopf (Bouvay-Ladubay, Saumur, Frankreich).

© Pierrick Bourgault

Von Hand dauert der Rüttelvorgang mehrere Wochen (Champagne Cattier, Montagne de Reims, Frankreich).

© Pierrick Bourgault

Noch eine Ausnahme von der Ausnahme: Einige wenige Rosé-Champagner, die nurmehr ein Prozent der Produktion ausmachen, sind sogenannte Saignées, für die ein gewisser Anteil der Pinot-Noir-Trauben „ausblutet". Die Trauben verbleiben abends in der Kelter und werden erst morgens gepresst.

Angesichts der allgemeinen Begeisterung bei den Kunden gilt Rosé-Champagner inzwischen unter Winzern als ehrbarer Wein, und selbst Pol Roger erzeugt heute einen eigenen Rosé.

Und schließlich – sozusagen das Sahnehäubchen auf dem Fass –, ist beim Rosé keine Farbnuance gesetzlich verboten, was manche Winzer dazu veranlasst, noch einen Schritt weiter zu gehen und sogar roten Champagner zu erzeugen. Im 19. Jahrhundert wurden hierfür 25 bis 35 Prozent stiller Rotwein und anschließend eine ebenfalls rote Versanddosage (frz. *liqueur d'expédition*) hinzugefügt. Einige wenige Winzer stellen auch heute noch einige Flaschen dieses „sehr dunklen Rosé" her. Doch das geschieht ausschließlich für den Eigenverbrauch, denn roter Champagner ist offiziell verboten.

Bei Bouvet-Ladubay in der Touraine trägt der halbtrockene rote Perlwein den Namen Rubis. Roter Perlwein ist besonders in Italien verbreitet, allen voran als Lambrusco und Weinen aus dem Oltrepò Pavese wie Bonarda.

Champagne Mumm

45

Champagner – eine englische Erfindung?

Im Mittelalter bauten Mönche in allen Regionen Frankreichs Wein an und verarbeiteten die Trauben zu Messwein und für den Verkauf. In der Champagne ist das Klima zwar rauer als im Burgund, dennoch wurden dort von den Mönchen dieselben Rebsorten – Pinot Noir und Chardonnay – kultiviert. Um die Vermarktung des Weins zu erleichtern, pflanzte man die Rebstöcke aus logistischen Gründen stets in der Nähe von Wasserstraßen – Marne, Aube, Aisne – in Richtung Paris und Rouen. Zwischen den Jahren 816 und 1825 erlangte der Wein aus der Region Reims beispielloses Ansehen, was mit der Popularität der Stadt Reims einherging, in der nicht weniger als 33 Könige von Frankreich gesalbt wurden. Der Wein aus der Region stammte jedoch aus nicht immer voll ausgereiften Trauben und schmeckte wohl recht säuerlich.

England kaufte bei seinen Nachbarn aus der Champagne fässerweise den für gewöhnlich stillen, nicht perlenden Wein, dem Rohrzucker hinzugefügt wurde, um die Säure abzumildern. Der Benediktinermönch Pierre Pérignon, genannt Dom Pérignon (1639–1715), beobachtete dabei ein mysteriöses Phänomen, das erst durch die Forschungsarbeiten von Louis Pasteur (1822–1895) zur Wirkung von Hefe erklärt werden konnte: Mit dem Einsetzen der Winterkälte endete die Aktivität der Mikroorganismen in den Fässern und setzte erst im Frühjahr wieder ein. Die Zugabe von Zucker nährte die Hefen und erweckte sie zum Leben. Hatte der Winzer diesen Wein in Flaschen abgefüllt, platzten die Flaschen, da sie dem hohen Druck, der in ihnen durch das Kohlendioxid der neu angestoßenen Gärung entsteht, nicht standzuhalten vermochten.

Die Engländer lösten dieses Problem pragmatisch und fertigten einfach stabileres Glas für Weinflaschen an. Das war in England möglich, da man durch die Verbrennung von Kohle bei der Glasherstellung höhere Temperaturen erzielen konnte, während die Franzosen ihre Glashütten noch mit Holz befeuerten. Aus den genannten Gründen (Zugabe von Zucker und robusteres Glas) verorten verschiedene Autoren den Ursprung des Champagners in England und nicht in Frankreich.

Das Prinzip der Champagnerherstellung indes ist bis heute weitgehend unverändert geblieben. Die erste Gärung im offenen Fass ergibt einen stillen Wein. Für die zweite Gärung in stabilen Flaschen wird Rübenzucker* als Fülldosage (Tiragelikör) hinzugefügt. Die Flaschen werden anschließend wie Bierflaschen mit Kronkorken verschlossen. Da das entstehende Kohlendioxid nicht entweichen kann, wird es in den Wein eingetragen, wo es sich in Form von Bläschen manifestiert.

Um die tote Hefe oder den Trub zu entfernen, legt man die Flaschen in ein Gestell, in dem sie Stück für Stück um die eigene Achse gedreht und immer steiler gestellt werden. Nach dieser „Rüttelung" (*Remuage*) öffnet man die Flaschen, um den Hefesatz zu entfernen, und füllt sie mit einer Versanddosage (stiller Wein mit mehr oder weniger Süße, oder auch trockener Wein) wieder auf. Um die zweite Gärung durch Saccharose auszulösen, wird Rüben- oder Rohrzucker zugefügt. Der renommierte Winzer Fabrice

Pouillon aus der Champagne verwendet für eine seiner Cuvées natürlichen Zucker aus reifem Traubensaft derselben Parzelle und desselben Jahrgangs. Sein Champagner wird somit ausschließlich aus lokalen Produkten und ohne Zusatzstoffe von außerhalb des Weinguts hergestellt.

Benjamin Delessert begann 1811 mit der Herstellung von Rübenzucker als Ersatz für Rohrzucker von den Antillen, dessen Einfuhr England blockierte, das sich damals im Krieg mit Frankreich befand.

Belgische und englische Champagner-Kopien

In Belgien erzeugt Ruffus Perlwein mit denselben Rebsorten (Chardonnay, Pinot Noir, Pinot Meunier) und nach derselben traditionellen Methode wie in der Champagne. Auch im Süden von London (Kent, Sussex, Hampshire) bieten ein vergleichbarer Boden wie in der Champagne und das zunehmend erwärmte Klima ideale Voraussetzungen für die Erzeugung champagnerähnlicher Cuvées in England, wo Perlwein ebenfalls hoch im Kurs steht.

© Pierrick Bourgault

© Pierrick Bourgault

UNITED-KINGDOM

North Sea

NETHERLAND

English Channel

BELGIUM

GERMANY

Lille o

Cherbourg o

o Amiens

LUX.

o Reims

o Metz

Paris ■

Nancy o

o Strasbourg

Brest o

Rennes o

Orléans o

Belfort o

Dijon o

Besançon o

SWITZERLAND

Nantes o

Jura

Poitiers o

FRANCE

Limoges o

Clermont-Ferrand o

Lyon o

Atlantic Ocean

ITALY

Bordeaux o

Nice o

MONACO

Toulouse o

Montpellier o

Marseille o

Perpignan o

Ajaccio o

SPAIN

Mediterranean Sea

N

100 km

Vin Jaune – Gelbwein

Ein außergewöhnliches Weinbereitungsverfahren und besondere Aromen

Önologen sind streng: Wein muss vor Sauerstoff geschützt aufbewahrt werden, da er ansonsten nach Oxidation, nach abgestandenen Aromen – und ja, sogar leicht essigartig schmeckt. Sauerstoff ist Leben! Unter seinem Einfluss können sich Bakterien, Schimmelpilze und Hefen so richtig austoben. Dass eine Flasche, einmal geöffnet, sich nach ein paar Wochen im Schrank unter Umständen als ungenießbar erweist, ist gemeinhin bekannt. Sauerstoff ist der Schrecken des Winzers und der Grund, warum er seine Fässer bis zum Rand befüllt. Um die Weinmenge zu kompensieren, die durch die Fassholzporen verdunstet, füllt der Winzer regelmäßig Wein nach. Dieser Schwund wird poetisch auch als Engelsanteil (frz. *part des anges*) bezeichnet, das Ausgleichen des dadurch entstehenden Flüssigkeitsverlustes als Auffüllen (frz. *ouillage*). Nur wenige Winzer gehen das Risiko ein, auf dieses fast schon obligatorische Auffüllen der Fässer zu verzichten.

Im französischen Jura wird aus der regionalen Traube Savagnin ein beliebter Weißwein erzeugt. Einige Winzer lagern ihn in einem nicht ganz gefüllten Fass, in dem sich an der Oberfläche mit der Zeit ein Hefeschleier aus *Saccharomyces cerevisiae* bildet. Nach sechs Jahren und drei Monaten erfolgt dann am ersten Februarwochenende im Rahmen eines großen Fests der Anstich des Fasses. Der Wein wird in gedrungene 0,62-Liter-Flaschen, sogenannte Clavelins, abgefüllt. Die originelle Flaschengröße unterstreicht mit ihrer Abweichung von der 0,75-Liter-Norm, dass hier „die Engel davon getrunken haben", und verweist damit auf die Weinmenge, die von ursprünglich einem Liter Wein in all den Jahren verdunstet ist. Möglicherweise jedoch geht der Clavelin auch auf eine englische Flasche zurück.

Während des Ausbaus über 75 Monate „unter dem Schleier" (frz. *sous voile*) der Hefe nimmt der Weißwein eine goldbraune, als Gelb klassifizierte Farbe an.

Dem Anschein nach ein Likörwein, erweist sich dieser Vin Jaune oder Gelbwein doch als trocken und ohne Restzucker, vom Geschmack her nussig, und im Abgang erstaunlich lang. Dafür verantwortlich sind besondere aromatische Moleküle.

Eine weitere Besonderheit des Gelbweins ist seine extrem lange Lagerfähigkeit von Dutzenden bis hin zu Hunderten von Jahren. Selbst geöffnete Flaschen sind noch lange ohne unangenehme Oxidation genießbar, denn Sauerstoff ist dem Wein ja bereits bekannt. Manche Weingüter wie Overnoy oder Puffeney lassen ihren Gelbwein noch länger als die für die AOC vorgeschriebenen sechs Jahre und drei Monate im Fass reifen.

Die Internationale Organisation für Rebe und Wein (OIV) ordnet Gelbwein den „Spezialweinen" zu.

Andere Weine mit einem Ausbau „Sous Voile"

Außerhalb des Jura gibt es in Frankreich einige Winzer, die nach der oben beschriebenen Sous-Voile-Methode arbeiten. Zu ihnen zählen Robert und Bernard Plageoles (Gaillac) sowie die Domaine Jorel (Maury) mit ihrem Wein La Garrigue, der aus der seltenen Macabeu-Traube erzeugt wird und zehn Jahre „unter dem Schleier" bleibt. Auch der spanische Sherry *Xérès* ist ein weiteres Beispiel für einen nach diesem Verfahren ausgebauten Wein.

Nicht zu verwechseln ist der Vin Jaune mit einer anderen Spezialität aus dem Jura, dem Macvin, der durch Zugabe von (durch Destillation von Tresterrückständen gewonnenem) Tresterbranntwein erzeugt wird. Der Macvin ist sowohl als Rotwein wie auch als Rosé- oder Weißwein erhältlich.

◀ Bernard Pujol, Sekretär der Confrérie des Ambassadeurs des Vins Jaunes (Jura) im Jahr 2015

Wein aus dem Gouffre de Padirac

Ein am Grund einer 103 Meter tiefen Höhle gereifter Wein

Der Gouffre de Padirac, ein beeindruckendes Höhlensystem in der Dordogne, liegt rund 20 Kilometer von Rocamadour entfernt. 1889 entdeckte Edouard-Alfred Martel den „Schlund von Padirac", der vor Urzeiten durch einen unterirdischen Fluss geformt worden war.

Zur Feier des 130. Jahrestags der Entdeckung der Höhle brachte 2019 das Management des Gouffre de Padirac in Kooperation mit dem Weingut Clos Triguedina seine erste Cuvée auf den Markt. Der Jubiläumswein *Cuvée de 130 ans* entstammt den Trauben hundertjähriger Malbec-Rebstöcke der Appellation Cahors.

Unten im „Schlund von Padirac" lagern rund fünfhundert nummerierte Flaschen der Cuvée *Probus* zur einjährigen Veredelung, denn dort in 103 Meter Tiefe herrschen ideale Bedingungen für den Wein: 97 Prozent Luftfeuchtigkeit und eine absolut konstante Temperatur von 13 °C. Der Ort in der Tiefe scheint die perfekte Reifeumgebung zu sein – und das Ergebnis erfüllte bislang alle Erwartungen. Nach der ersten Cuvée folgte eine zweite, dann eine dritte und nun tritt jedes Jahr eine neue Cuvée die Reise in die Tiefe an. Die Cuvée *Probus* wurde 1976 von der seit 1830 im Winzergeschäft tätigen Familie Baldès du Clos Triguedina zu Ehren des römischen Kaisers Marcus Aurelius Probus (232–282) entwickelt, der einst den Weinanbau in Gallien eingeführt haben soll, nachdem Kaiser Domitian zweihundert Jahre zuvor den Anbau in der Provinz per Erlass verboten hatte, um die Winzer Italiens vor Konkurrenz zu schützen.

© C.Gengk-SESdePadirac

DOMAINE
JEAN-LUC BALDÈS

GOUFFRE
DE
PADIRAC

CUVÉE DES 130 ANS

À l'occasion du 130ème anniversaire de sa découverte,
le Gouffre de Padirac s'est associé au Clos Triguedina pour
créer une cuvée spéciale : la Cuvée Probus des 130 ans.

Près de 500 bouteilles et 24 magnums de cette cuvée de
vignes centenaire pur Malbec en AOC ont été enfouis ici
en mai 2020.

À 103 mètres sous terre, les conditions de conservation
sont exceptionnelles : un taux d'humidité de 98% et une
température de 13° toute l'année.

Le vin se bonifiera dans cette cave naturelle au centre de la
terre durant un an, jusqu'au printemps 2021.

Heute kann man *Probus* im Rahmen exklusiver Exkursionen am Grund der Höhle von Padirac verkosten und ihn im *Kiosque du Gouffre*, in der Feinkosthandlung von Padirac sowie im Weingut Clos Triguedina erwerben. Besucher haben außerdem die Möglichkeit, die exklusive Cuvée zum 130. Jahrestag der Entdeckung der Höhle mit dem kellergereiften *Probus* zu vergleichen.

© L.Nespoulous_SESdePadirac

© Eure k-SES de Padirac

North Sea

UNITED-KINGDOM

NETHERLAND

English Channel

Cherbourg

Brest

BELGIUM

Lille

Amiens

GERMANY

LUX.

Reims

Metz

Nancy

Strasbourg

Paris

Rennes

Orléans

Belfort

Dijon

Besançon

SWITZERLAND

Nantes

Clos Cristal

Poitiers

FRANCE

Limoges

Clermont-Ferrand

Lyon

ITALY

Atlantic Ocean

Bordeaux

Nice

MONACO

Toulouse

Montpellier

Marseille

Perpignan

Ajaccio

SPAIN

Mediterranean Sea

N

100 km

Das Weingut Clos Cristal

Rebstöcke, die durch Mauern wachsen

Diese Geschichte hat es in sich. Antoine Cristal, 1837 in Turquant in der Nähe von Saumur geboren, hatte in der Textilindustrie Karriere gemacht. Als reicher Mann kehrte er in seine Heimat zurück, die damals für ihre Weißweine berühmt war, da rote Trauben in dieser Region schlecht reiften (wir befinden uns zeitlich noch vor dem Klimawandel!). Cristal, Republikaner und Freidenker, der auch mit Georges Clémenceau (1841–1929) befreundet war, widmete sich fortan dem Weinanbau. Als Neuling auf diesem Gebiet verstand er schnell, worauf es ankam. Nach dem Motto „kalte Füße – warmer Kopf" brauchten die Rebstöcke und ihre Wurzeln Feuchtigkeit, während die Trauben nach Sonne und Wärme verlangten, um zu reifen. Im Jahr 1890 erwarb Cristal rund zehn Hektar Land in der Gemeinde Champigny und umgab diese mit Bruchsteinmauern – daher der Name Clos Cristal (frz. *clos* = eingefriedete/s Grundstück/Parzelle). Innerhalb der Mauern entstand ein wärmeres und windgeschütztes Mikroklima. Doch damit nicht genug. Antoine Cristal ließ zudem Mauern mit kleinen Öffnungen errichten und pflanzte die Rebstöcke auf der kühlen, dauerfeuchten Nordseite dieser Mauern. Dort wuchsen sie etwa bis auf halbe Höhe und wechselten dann durch eine der Öffnungen in der Mauer auf die für Ranken, Blätter und Trauben günstige Südseite, auf der die Pflanzen von der Sonnenwärme profitieren konnten. Diese Methode ist überaus günstig für den Wein, denn die über den Tag erwärmten Mauern fördern den Stoffwechsel der Pflanzen und die Versorgung der Trauben mit Mineralstoffen. Die Mauern geben die tagsüber gespeicherte Wärme über Nacht ab und schützen so die empfindlichen jungen Blätter vor dem Frühjahrsfrost. So bleibt der Pflanze rund ein Monat mehr Zeit, um ihre Früchte am Ende der Saison auszureifen.

Schon bald wurde das Weingut Clos Cristal zum Versuchsstandort für die Rebsorte Cabernet Franc. Antoine Cristal träumte davon, mit seinem *Saumur Champigny Le Clos* die großen Rotweine herauszufordern.

Kürzlich wurde das 1928 an die Hospices de Saumur vermachte und heute denkmalgeschützte Gut von der Kellerei Robert et Marcel (Alliance Loire) übernommen. Das neue Management weiß zu berichten, dass die Weine von Antoine Cristal seinerzeit nicht nur in den besten Restaurants Frankreichs, sondern auch auf der ganzen Welt ihre Anhänger hatten – von den großen europäischen Königshäusern über Russland bis nach Japan. König Edward VII. von England soll ebenso von ihnen geschwärmt haben wie der Maler Claude Monet.

Doch im Jahr 2017 wurden kaum mehr als 5 Hektar von Robert et Marcel bewirtschaftet. Der Weinberg befand sich in einem schlechten Zustand, sodass Neuanpflanzungen nötig waren. Erklärtes Ziel ist heute das Erreichen eines Ertrags von 30 Hektolitern pro Hektar, was vergleichsweise wenig für die Appellation Saumur-Champigny ist. Aktuell erreicht die Produktion gerade einmal 5000 nummerierte Flaschen. Die haben es aber in sich: Philippe Faure-Brac, 1992 als World's Best Sommelier ausgezeichnet, ist von der Qualität überzeugt: „Eine wunderbare Farbe, eine schöne, feine und dezente Note von Sauerkirsche und Schlehe, ein angenehm holziger Eintrag, der sich mit Aromen von Vanille, Zimt und Süßholz paart. Dazu feine, gut integrierte Tannine."

Die Mauern des Weinguts Clos Cristal erinnern an die sogenannten Pfirsichmauern (*murs à pêches*) in Montreuil (Île-de-France), die das Städtchen vor den Toren von Paris berühmt machten (s. Reiseführer *Grand Paris insolite et secret* im selben Verlag).

Charbonnay

Ein Weinberg auf einer Bergehalde im Norden Frankreichs

Immer wieder begegnen einem im Norden von Frankreich sogenannte Bergehalden, riesige konische Hügel, die bis 1990 als Abraumkippen des Bergbaus entstanden sind. Mit Schließung des französischen Konzerns Charbonnages de France gingen die steilen Kegel in der Landschaft in den Besitz der Gemeinden und Départements über – und 2016 wurde eine „Kette" aus 78 dieser *terrils* gar zum nationalen Kulturerbe erklärt.

Heute sind die Bergehalden in Nordfrankreich nahezu vollständig mit Vegetation überwuchert und dienen als Weideland für die schwarzen Ziegen der Region. Aufgrund ihrer Steilheit können die recht unfruchtbaren Böden ohnehin nicht mit Traktoren bestellt werden.

Und doch wandte sich Olivier Pucek, geboren am imposanten Terril d'Haillicourt (Pas-de-Calais) und Nachkomme von Bergarbeitern, 2009 mit dem Vorschlag an die für den Terril zuständige Gemeinde, dort einen Weinberg anzulegen. Die Idee war recht ungewöhnlich, zumal der Weinanbau in dem nicht als Weinbaugebiet deklarierten Département bis dato lediglich zu Versuchszwecken erlaubt war.

Olivier Pucek, der bereits in der Charente auf 3 Hektar Wein anbaute, tat sich mit Henri Jammet zusammen, einem für seinen Chardonnay bekannten Winzer aus dem Charentais. Die neue Weinlage erhielt den Namen Charbonnay und verweist damit direkt auf die Vergangenheit der Region, die einst durch Kohle (frz. *charbon*) berühmt wurde. Pucek lobt immer wieder die Unterstützung des Bürgermeisters und seines Teams: „Sie haben uns mit offenen Armen aufgenommen und waren bereit, mit uns zu investieren." Das Département ist Eigentümer der Steilhänge, die 60 bis 70, teils sogar bis zu 80 Prozent Steigung haben. In den augenfälligen Hindernissen hatten Pucek und Jammet die Vorteile erkannt, denn der nährstoffarme, durchlässige Boden ist für den Weinbau geradezu ideal. Seine dunkle Farbe speichert Wärme, die hohe Lage sorgt für die nötige Durchlüftung, um Schimmelbildung zu vermeiden. 2011 pflanzten die beiden Winzer an der Südflanke mutig zunächst zweitausend Setzlinge, dann weitere tausend, sodass heute auf dem Terril d'Haillicourt rund dreitausend Rebstöcke stehen. Die Steilhänge in Südlage verwöhnen jede einzelne Pflanze mit maximaler Sonneneinstrahlung. Im Jahr 2016 verpflichtete die EU Frankreich, den Weinbau in allen Regionen des Landes zu genehmigen. Heute ist die Hälfte der rund einen Hektar großen Parzelle bepflanzt. Die vor Ort gekelterte Ernte ergibt mehr als tausend Flaschen des überaus erfolgreichen *Charbonnay*. Dieser ist und bleibt der erste Wein aus dem Pas-de-Calais und ist bislang noch der einzige Wein, der auf einem Terril angebaut wird. Inzwischen haben sich aber auch andere Winzer in Nordfrankreich von der Idee inspirieren lassen, und mehrere Landwirte bauen heute auf ihren für Weizen eher ungeeigneten Kalkhügeln Wein an. Eine Gruppe von Winzern der Region Hauts-de-France vertreibt ihre Weine unter der Marke „Les 130".

© Sylvain Beucler

North Sea

UNITED-KINGDOM

NETHERLAND

BELGIUM

GERMANY

LUX.

English Channel

Cherbourg

Lille

Amiens

Paris

Reims

Metz

Nancy

Strasbourg

Brest

Rennes

Orléans

Belfort

Nantes

Dijon

Besançon

SWITZERLAND

Poitiers

FRANCE

Atlantic Ocean

Limoges

Clermont-Ferrand

Lyon

ITALY

Bordeaux

Nice

MONACO

Viella

Toulouse

Montpellier

Marseille

Perpignan

Ajaccio

SPAIN

Mediterranean Sea

N

100 km

Weinlese am Silvesterabend

*Die Winzer von Plaimont Producteurs feiern den Jahresbeschluss
am 31. Dezember mit einer öffentlichen Weinlese*

Der letzte Tag im Jahr. In der Gemeinde Viella im französischen Département Gers wärmen sich in den frühen Abendstunden über 500 kleine und große Besucher und Besucherinnen an einem aus Rebholz aufgebauten Lagerfeuer. Um 19.30 Uhr schnappen sie sich Scheren und Körbe und machen sich auf zur letzten Weinlese des Jahres. Anschließend brechen die Helfer und Helferinnen zu ihren jeweiligen Silvesterpartys auf. Die Mitglieder der Genossenschaft (Coopérative) Plaimont Producteurs sind stolz darauf, bei diesem Event ihren Beruf präsentieren zu können und gleichzeitig die Feierlichkeiten zum neuen Jahr einzuläuten.

Entstanden ist der Brauch des „Pacherenc de la Saint-Sylvestre" 1991. In diesem Jahr waren die lokalen Winzer vom frühen Wintereinbruch und strengen Frost überrascht worden und beschlossen, ihre Trauben bis zum 31. Dezember für eine Trockenreifung (*Passerillage*) am Stock zu belassen. Vom Wind getrocknet und unter dem Einfluss von Herbstsonne und nächtlicher Kälte steigt der Zuckergehalt in den Trauben und bewahrt sie vor dem Erfrieren. Außerdem verdickt sich als zusätzlicher Schutz die Traubenschale mit zunehmender Reife. In anderen Appellationen hängt man die Trauben für die *Passerillage* samt Rappen in einer Scheune an Schnüren auf. In Viella erntet man sie in der Silvesternacht.

Die Weinberge der Appellation Pacherenc du Vic-Bilh erstrecken sich über eine Fläche von 250 Hektar zwischen den Départements Gers, Pyrénées-Atlantiques und Hautes-Pyrénées. Angebaut werden die lokalen Rebsorten Petit und Gros Manseng. Von Oktober bis Dezember findet die Lese der gereiften Trauben in vier oder fünf Durchläufen statt, um verschiedene Weine zu vinifizieren. Aus dem Traubensaft der einzelnen Lesen (*Tries*) wird Süßmost hergestellt.

Die im Oktober gelesenen Trauben liefern Aromen von frischem Obst, Zitrusfrüchten und Grapefruit, die Novemberlese um den 15. November herum (Namenstag des heiligen Albert) schmeckt nach kandierten Früchten

© Pierrick Bourgault

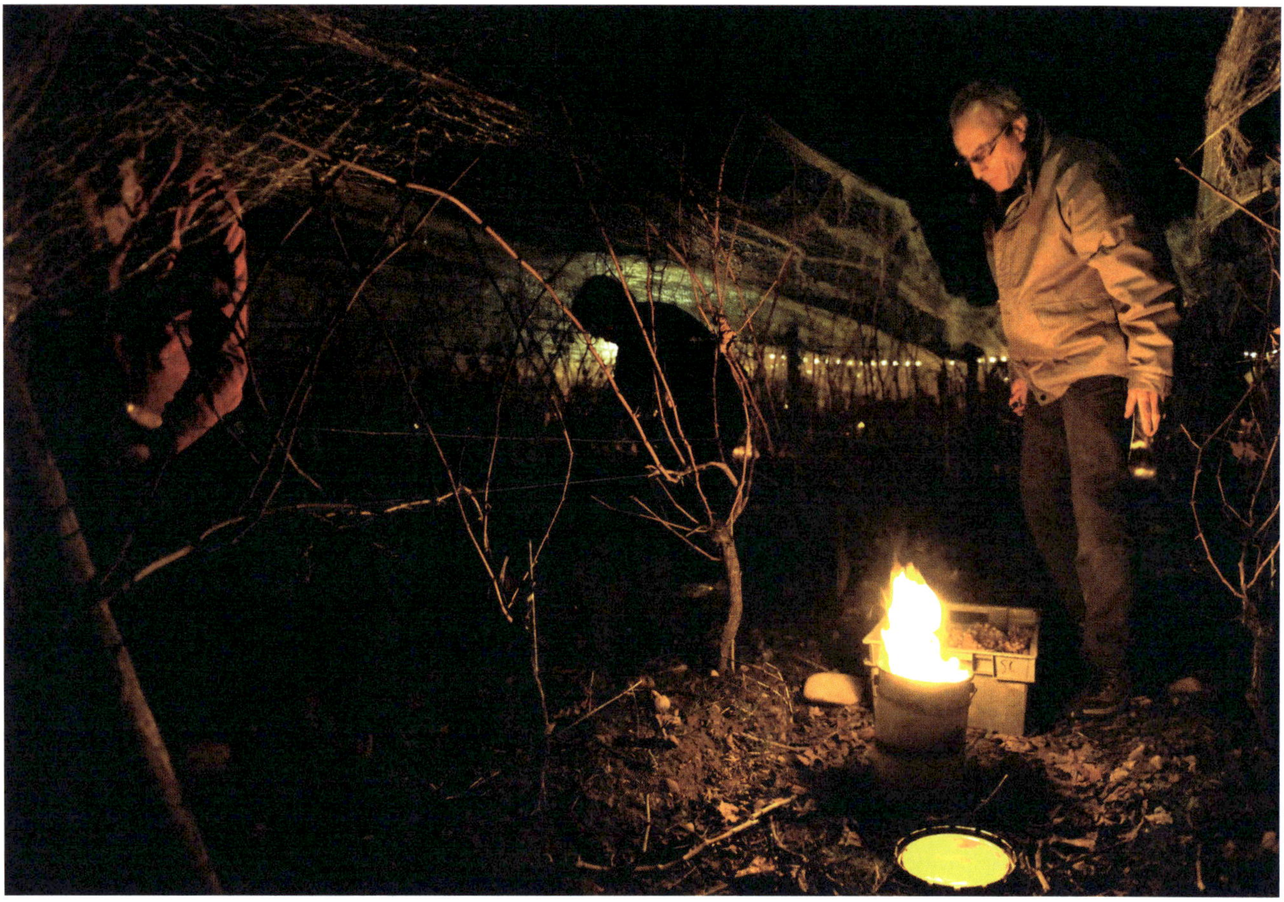

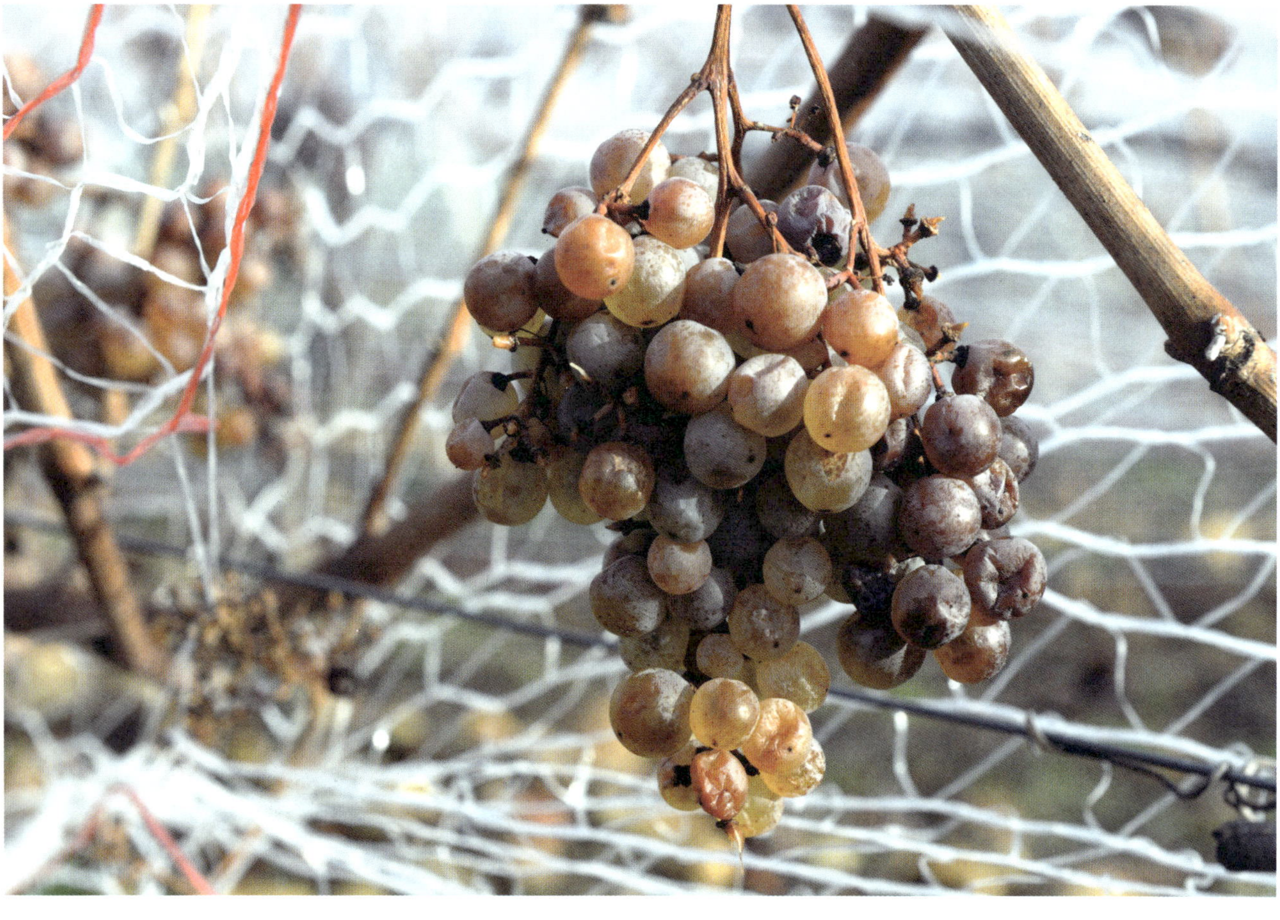

und Gewürzen, und die im Dezember geernteten Trauben erinnern an Aromen von süßen Trockenfrüchten und Mandeln, Nüssen und Honig ... Die natürliche Säure der Rebsorten und das frische Klima verleihen dem Wein eine ausgewogene Süße.

Im ersten Jahr fand die Lese auf dem Weinberg in Viella sogar erst nach Mitternacht statt. Damals stellte die Coopérative Plaimont auch ein eigenes Zelt für ihre Erntehelfer und -helferinnen auf – eine aufwendige und kostspielige Lösung.

Heute beginnt die Lese früh am Abend, sodass auch Kinder dabei sein können. Es ist nun nicht mehr die erste Lese des neuen, sondern die letzte Lese des alten Jahres. Das Fest beginnt schon am Vormittag mit köstlichem Fingerfood zwischen den Reben, die am Abend abgeerntet werden. Vorführungen mit Zugpferden erinnern daran, wie früher auf dem Weinberg gearbeitet wurde, und Winzer führen Interessierte durch die Reihen der mit Netzen vor hungrigen Vögeln geschützten Rebstöcke. Im Rahmen von Verkostungen kann man dann den Zuckergehalt der überreifen Trauben am eigenen Gaumen testen. Überall im Ort sind Musiker und Musikerinnen mit ihren Instrumenten unterwegs, um auf den Straßen und Plätzen zu spielen, und es werden Kegel- und Wurfspiele wie das traditionelle Palet Gascon angeboten. Pferdekutschen stehen für Fahrten bereit und Weinveredler, Drechsler, Spinnerinnen, Scherenschleifer und für das Säubern von Mais zuständige *Espélouquères* präsentieren ihr altes Handwerk. Unbestrittenes Highlight ist jedoch die Verkostung der verschiedenen *Tries des Pacherenc* und anderer Weine.

© Pierrick Bourgault

North Sea

UNITED-KINGDOM

NETHERLAND

English Channel

BELGIUM

GERMANY

Lille

LUX.

Cherbourg

Amiens

Reims

Metz

Paris

Nancy

Strasbourg

Brest

Grémillet

Rennes

Orléans

Belfort

Nantes

Dijon

Besançon

SWITZERLAND

Poitiers

FRANCE

Atlantic Ocean

Limoges

Clermont-Ferrand

Lyon

ITALY

Bordeaux

Nice

MONACO

Toulouse

Montpellier

Marseille

Perpignan

Ajaccio

SPAIN

Mediterranean Sea

N

100 km

Nächtliche Weinlese bei Grémillet

Warum sollte Arbeit nicht auch Spaß machen?

Das Burgund ist nah. Wir befinden uns in der Côte des Bar im Süden der Appellation Champagne. „Die Idee hatten wir in einer Septembernacht", erzählt Anne, die Tochter des Gründers von Champagne Grémillet. „Wir wollten Party machen und hatten eine Anlage und einen Scheinwerfer in den Weinberg gebracht. Der Strahler war so hell, dass wir uns gefragt haben, warum wir eigentlich nicht nachts ernten?"

Das war die Geburtsstunde der besonderen, in schwarzen Flaschen abgefüllten Cuvée von Anne und ihrem Bruder und Kellermeister Jean-Christophe. Die Lese findet einmal im Jahr an einem Samstagabend im Rahmen einer großen Party statt, die daran erinnern soll, dass Arbeit auch Spaß machen kann. Dass die Lese tatsächlich nachts erfolgt, wird sogar gerichtlich überwacht und bestätigt. Dann arbeiten Freunde, Freundinnen und Kundschaft Seite an Seite mit Angestellten und Saisonarbeitern und -arbeiterinnen. Die Verbindung der Lese mit einer Party stärkt die für landwirtschaftliche Aktivitäten so wichtige Außenwirkung.

Am Abend des Fests, das stets auf einen Samstag innerhalb der rund zehntägigen Weinlese fällt, lädt Familie Grémillet ab dem späten Nachmittag dazu ein, den Weinkeller, den Degustationsraum, die Vinothek und das Weinbaumuseum mit seinen alten Werkzeugen zu besichtigen. Zum Aperitif werden drei Champagner-Cuvées kredenzt. Anschließend steht ein gemeinsames Abendessen mit rustikalen Speisen wie einer Gemüsesuppe, Pasteten, Bœuf Bourguignon, Käse und Eis auf dem Programm.

Zwischen sechs Uhr morgens und elf Uhr abends sitzen dann in dem großen Familienspeisesaal rund hundert Personen am Tisch. Die machen sich nach dem Essen alle frohen Mutes auf den Weg in den Weinberg. Große Strahler und Stirnlampen sorgen für gutes Licht, in dem die helfenden Gäste einen Abend lang an der Seite der erfahrenen Saisonarbeiter ihre Eimer mit Pinot-Noir-Trauben füllen.

Die Festlese bei Grémillet bietet, wie auch die Silvesterlese bei Plaimont (siehe Seite 65), reichlich Gelegenheit zum Gespräch. Schon während des Essens geht es um wichtige Themen der Winzer, wie die schwierige Personalsuche, den Einsatz von Pestiziden oder den Klimawandel. Der verantwortliche Weingärtner berichtet von in der Sommerhitze verbrannten Trauben und stellt fest, dass die Lese immer früher im Jahr erfolgt: „Ich arbeite seit 35 Jahren im Weinbau und habe jetzt schon mehrere Lesen im August erlebt. Da verändert sich etwas. Ein Vorteil: Wir haben keinen Mehltau mehr, den wir behandeln müssen."

Das 1978 gegründete Weingut ist heute für seinen großen ökologischen Nutzen (Haute Valeur Environnementale, HVE) zertifiziert und erzeugt auf 50 Hektar Fläche jährlich rund 500.000 Flaschen Wein.

Gestützt auf die Erfahrung zahlreicher Verkostungen bescheinigt die Familie Grémillet der Nachtlese zwar keine bedeutenden Unterschiede zu den Ergebnissen der Lese bei Tag. An der seit nunmehr 15 Jahren bestehenden Tradition halten die Familienmitglieder dennoch fest, denn „das Fest schweißt das Team zusammen".

DENMARK

North Sea

Baltic Sea

POLAND

NETHERLANDS

Kiel

Rostock

Lübeck

Schwerin

Bremerhaven

Hamburg

Bremen

Elbe

Oder

■ **Berlin**

Osnabrück

Hannover

Potsdam

Magdeburg

Weser

Dortmund

Göttingen

Halle

Leipzig

Görlitz

Düsseldorf

Kassel

GERMANY

Köln

Erfurt

Dresden

Aachen

Bonn

BELG.

Koblenz

Frankfurt-am-Main

Main

CZECH REP.

Mainz

Bamberg

LUX.

Trier

Würzburg

Rhein (Rhine)

Mannheim

Nürnberg

Sarrebruck

Rhodt-unter-Rietberg

Regensburg

Stuttgart

Donau (Danube)

Passau

FRANCE

Ulm

Augsburg

Inn

Munich

Freiburg-Briesgau

Ravensburg

N

SWITZERLAND

AUSTRIA

LIECH.

100 km

Der älteste Weinberg der Welt

Ein vierhundert Jahre alter Weinberg, der alle Kriege überdauert hat

Der Weinanbau in Rheinland-Pfalz ist seit der Römerzeit belegt. Rund zwanzig Kilometer vor der Grenze zu Frankreich liegt das kleine Dorf Rhodt unter Rietburg, das bekannt ist für die Villa Ludwigshöhe, die Ludwig I. von Bayern im 19. Jahrhundert errichten ließ.

Hier liegt auch der historische Weinberg, um den es geht. Er präsentiert sich deutlich bescheidener als die Villenanlage und ist von der Straße aus kaum zu sehen. Dennoch zählt er zu den Superlativen, denn er gilt als der älteste Weinberg weltweit, der bis heute Reben trägt.

Eine Gedenktafel bezeugt sein hohes Alter – über 400 Jahre. Pascal Oberhofer, der junge Winzer, zu dessen Besitz die Lage heute zählt, weiß von verstaubten Kirchenbüchern zu berichten, in denen das Alter der dicken, knorrigen Rebstöcke dokumentiert ist. Demnach sollen die 270 Gewürztraminer- und Silvaner-Reben bereits vor dem Dreißigjährigen Krieg (1618–1648) gepflanzt worden sein.

Oberhofer bestellt nicht nur die 25 Hektar des Familienbetriebs, sondern pflegt darüber hinaus mit Hingabe den alten „Wingert", der bis heute eine weiße Traube liefert, die trocken ausgebaut und in 0,375-Liter-Flaschen auf einem in einer Designbox platzierten Sockel aus Eichenholz zum Verkauf angeboten wird.

Der historische Weinberg ist eines der Highlights der Südlichen Weinstraße.

Hier und da wachsen auf dem Weinberg vereinzelt rote Rebstöcke, aus deren Früchten jedoch kein Wein erzeugt wird.

Der Name des edlen Tropfens, *Rhodter Rosengarten*, geht auf einen innerhalb des Weinguts befindlichen Rosengarten zurück.

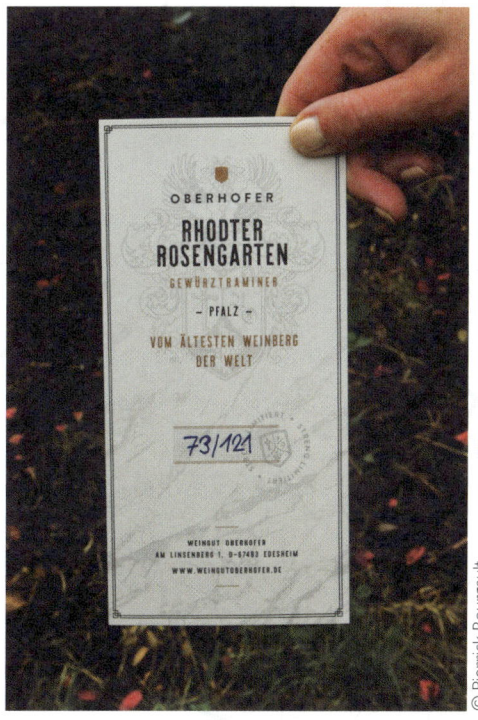

DENMARK

North Sea

Baltic Sea

POLAND

NETHERLANDS

Kiel

Rostock

Lübeck

Schwerin

Bremerhaven

Hamburg

Bremen

Elbe

Oder

Osnabrück

Hannover

Potsdam

■ Berlin

Weser

Magdeburg

Dortmund

Göttingen

Halle

Leipzig

Düsseldorf

Kassel

GERMANY

Görlitz

Köln

Erfurt

Dresden

Aachen

Bonn

BELG.

Koblenz

Frankfurt-am-Main

Main

CZECH REP.

Mainz

Bamberg

LUX.

Trier

Würzburg

Mannheim

Rhein (Rhine)

Nürnberg

Sarrebruck

Regensburg

Domaine
Friedrich Becker

Donau (Danube)

Passau

Stuttgart

FRANCE

Ulm

Augsburg

Inn

Munich

Freiburg-Briesgau

Ravensburg

N

SWITZERLAND

LIECH.

AUSTRIA

100 km

Das Weingut Friedrich Becker

Ein „zensierter" deutscher Wein aus französischen Rebstöcken

Wenn Friedrich Becker, Winzer in Schweigen-Rechtenbach (Rheinland-Pfalz), Gäste über sein Weingut führt, dann legt er gern mitten im Weinberg zwischen den Rebstöcken eine kurze Pause ein. Was ist das Besondere an diesen Reben und an dieser Weinlage? Nichts, was man mit den Augen festmachen könnte. Heute liegt der Weinberg still und friedlich. Doch einst verlief mitten durch die Reihen der Reben eine Grenze, um die erbitterte und blutige Kämpfe geführt wurden. Das Gebiet war schon immer ein begehrter Flecken Erde, erklärt Friedrich Becker: „Die Römer hatten bereits die Vorzüge der sonnenverwöhnten Pfalz erkannt und aus dem Süden Wein, Oliven- und Mandelbäume mitgebracht, denn der Wald schützte vor Frost."

Doch ebenjener Wald und das Gebiet, auf denen der Weinberg von Becker liegt, führten im Verlauf der Geschichte immer wieder zu Konflikten. Da der Grenzverlauf zwischen Frankreich und Deutschland nicht eindeutig war, musste man sich beim Waffenstillstand von 1918 und den deutsch-französischen Verträgen über den Verlauf der Grenze mit einem heiklen Detail befassen: Im 8. Jahrhundert hatte Frankenkönig Pippin der Jüngere (714–768) die Ländereien und den wertvollen Wald dem Kloster Weißenburg (frz. Wissembourg) vermacht und Kaiser Otto II. (955–983) hatte diese dann im 10. Jahrhundert mit kirchlicher Immunität (lat. *immunitas*) ausgestattet – woraus sich schließlich auch der Name Mundatwald ableitete. Schon nach der Niederlage Napoleons I. im Jahr 1815 waren Frankreich und Deutschland in Streit über diesen geteilten Wald geraten.

1983 unterzeichneten schließlich Bundeskanzler Helmut Kohl und der französische Präsident François Mitterrand ein Abkommen, durch das der Wald von Mundat französisches Gebiet auf deutschem Territorium werden sollte. Blieb nur noch, die neunhundert Grenzsteine zu finden, die nach dem Ersten Weltkrieg auf den rund 100 Kilometern gesetzt worden waren – ein Unterfangen, das gute zehn Jahre in Anspruch nahm.

Der nach Süden ausgerichtete, in Frankreich gelegene Hügel von Wissembourg ist für die örtlichen Winzer aber nach wie vor von Interesse. Viele Deutsche mieten oder kaufen hier Parzellen, um die Trauben in ihren nur zwei Kilometer entfernt auf deutscher Seite liegenden Kellereien zu verarbeiten. Die 30 Hektar des Weinguts von Friedrich Becker liegen zu 60 Prozent in Frankreich. Den Rebstöcken ist es freilich herzlich egal, in welchem Land sie wachsen, doch die Appellationen unterliegen strikt festgelegten Grenzen. Wie Becker betont, „ist nicht Frankreich das Problem, sondern die deutsche Verwaltung. Eigentlich geht es um die Etiketten. Auf diesen dürfen wir nämlich den Ort, an dem wir den Wein ernten, nicht angeben." Aus diesem Grund lässt Friedrich Becker den Hinweis „zensiert" auf die Etiketten seiner seltenen und in Deutschland begehrten Flaschen drucken.

© Pierrick Bourgault

DENMARK

North Sea

Baltic Sea

POLAND

NETHERLANDS

Kiel

Rostock

Lübeck

Bremerhaven

Hamburg

Schwerin

Bremen

Elbe

Oder

Osnabrück

Weser

Hannover

Potsdam

■ Berlin

Magdeburg

Dortmund

Göttingen

Halle

Düsseldorf

Kassel

GERMANY

Leipzig

Görlitz

Köln

Erfurt

Dresden

Aachen

Bonn

BELG.

Koblenz

Frankfurt-am-Main

Bremm

Main

Mainz

LUX.

Trier

Würzburg

Bamberg

CZECH REP.

Sarrebruck

Rhein (Rhine)

Mannheim

Nürnberg

Regensburg

FRANCE

Stuttgart

Donau (Danube)

Passau

Ulm

Augsburg

Inn

Munich

Freiburg-Briesgau

Ravensburg

SWITZERLAND

LIECH.

AUSTRIA

N

100 km

Heroische Rebstöcke

An den Ufern der Mosel erheben sich Steillagen mit bis zu 65 Prozent Steigung, die nur zu Fuß oder mit kleinen Zahnradbahnen erreichbar sind

In Bremm, gelegen an einer der bekanntesten und schönsten Moselschleifen, bewirtschaftet Angelina Franzen mit ihrem Mann Kilian ein fast 10 Hektar großes Weingut – ausschließlich von Hand, denn die Lage ist eine der steilsten der Welt. Jeder Schritt auf dem Weinberg will wohl bedacht sein, erklärt Angelina: „Um sich auf dem steilen Gelände sicher zu bewegen, muss man sich an den Rebstöcken abstützen und bei der Lese darauf achten, dass keine reifen Trauben abfallen. Also fängt man immer von unten an und erntet die Pflanze ab, die am nächsten liegt. So geht es Stück für Stück voran." Die Arbeit in der Steillage dauert zehnmal länger als in der Ebene: „Für jeden Hektar benötigen wir jährlich 1200 bis 2000 Arbeitsstunden, in flachen Lagen sind es dagegen nur 200 Stunden. Außerdem müssen alle drei bis vier Jahre die Stützmauern erneuert werden, da der Hang in Bewegung ist. Für all das haben wir vier Festangestellte und für die Lese fünf Saisonarbeiter aus Polen und Rumänien. Und diese vielen Hände reichen für gerade einmal 10 Hektar." Angelina lacht und zeigt auf ihre Füße, die auf diesem Gelände mit seinen schwindelerregenden Abgründen schwer gefordert werden: „Schaut euch bloß mal an, wie unsere Schuhe aussehen!" Dann erzählt sie, dass viele Parzellen aufgrund der aufwendigen Bewirtschaftung bereits aufgegeben wurden und sich im Laufe des letzten Jahrhunderts die Zahl der Weinberge in der Gegend halbiert hat: „Mit 50.000 Euro pro Hektar sind diese Weinberge die billigsten in Deutschland. In der Ebene wären sie das Zehnfache wert", stellt sie fest. Heute sind nur noch ein knappes Dutzend Winzer in der Umgebung aktiv. Sie besitzen freilich Traktoren, um bis an die Parzellen heranzufahren. Doch am Straßenrand endet die maschinelle Hilfe: Anbau und Ernte auf der Steillage sind reine Handarbeit und Behandlungen erfolgen vom Helikopter aus. Zwischen den gelben Dreiecken, die die Grundstücksgrenzen markieren, zeigt ein rotes Dreieck die gefährlichen Bereiche im Gelände an, die gemieden werden sollten. Einige Winzer haben in ihren Weinbergen sogenannte Monorackbahnen installiert. Das Weingut Franzen besitzt ebenfalls zwei dieser praktischen Einschienen-Zahnradbahnen – für Transporte in den Weinberg und für den Rücktransport der Erntekisten.

© Max Adams

© Pierrick Bourgault

© Max·Adams

79

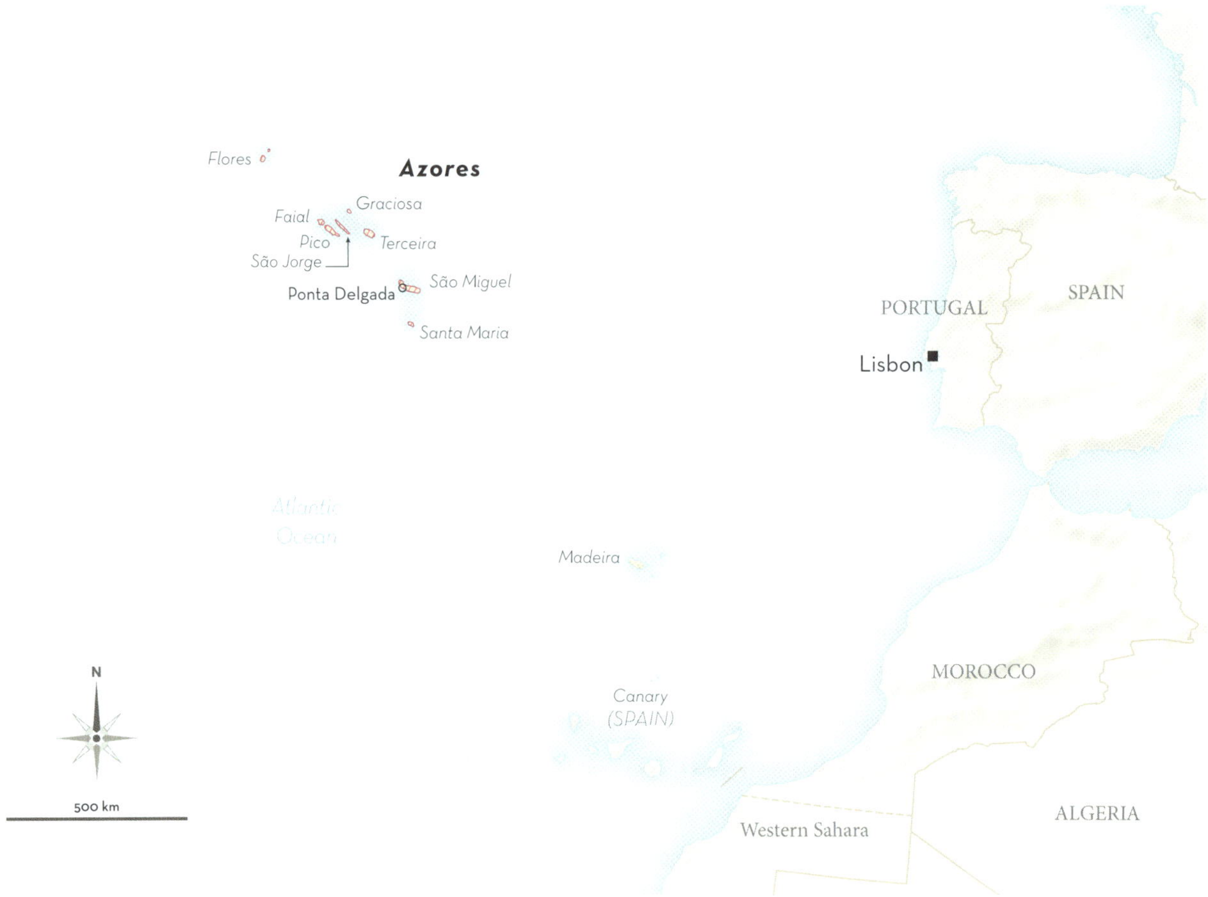

Flores

Azores

Graciosa

Faial
Pico   Terceira
São Jorge

Ponta Delgada   São Miguel

Santa Maria

PORTUGAL   SPAIN

Lisbon

Atlantic
Ocean

Madeira

N

Canary
(SPAIN)

MOROCCO

500 km

Western Sahara   ALGERIA

© Thierry Joly

Von Mauern geschützt – Rebstöcke auf den Azoren

UNESCO-Welterbe auf vulkanischen Böden

Die Azoren sind den meisten Menschen heute wohl eher durch das nach ihnen benannte Azorenhoch bekannt als durch ihren Wein. Doch näheres Hinsehen lohnt sich. Trotz des schwer zu bewirtschaftenden vulkanischen und bergigen Geländes wird auf dem portugiesischen Archipel im Atlantik, rund 1500 Kilometer westlich von Europa, Wein angebaut. Um die Rebstöcke vor Wind und Salzluft zu schützen, entwickelten die Azoreaner ein ganz besonderes System. Sie gruben Rinnen in die Lavafelder und errichteten, soweit das Auge reicht, dunkle Basaltsteinmauern. Diese sogenannten *Currais* oder *Curraletas* begrenzen kleine, mehr oder weniger gleichförmige Parzellen mit jeweils rund einem Dutzend Rebstöcken. Die Parzellen bilden eine einzigartige Landschaft, die seit 2004 zum offiziellen UNESCO-Welterbe zählt. Die arbeitsintensive Instandhaltung der Mauern wird so durch Subventionen gewährleistet.

Der schwarze Stein der *Currais* oder *Curruletas* dient nicht allein als Begrenzung: Er speichert die Wärme des Tages und gibt diese in der Nacht ab, wodurch ein besonderes Mikroklima für die Reben entsteht.

In diesem Terroir wachsen und reifen die Trauben sehr schnell und trocknen direkt am Stock. Ein Aufhängen unter Dachbalken oder das Rosinieren in speziellen Trocknern für sogenannten Strohwein erübrigt sich daher. Die ganzen Trauben werden geerntet, bevor sie vollständig getrocknet sind, und anschließend zu sehr süßem Saft gepresst, der die Grundlage für Likörweine bildet. Lange war der Weinexport der wichtigste Wirtschaftsfaktor der Azoren. Auch in den europäischen Adelshäusern bis hin zum russischen Zarenhof war der Verdelho von der Insel Pico begehrt.

Um 1850 jedoch schlug auch auf den Azoren der Mehltau zu. Die aus Amerika eingeschleppte Pilzkrankheit, die durch einen mikroskopisch kleinen weißen Pilz hervorgerufen wird, befiel die Reben auf den Inseln und ließ sie absterben. Dem wirtschaftlichen Desaster folgte bald eine Emigrationswelle.

Doch es gab chemische und biologische Lösungen zur Bekämpfung von Mehltau. Im Jahr 1856 erfand der französische Agronom Henri Marès im Languedoc ein Verfahren mit Schwefellösung, und ein anderer Ausweg aus der Krise zeigte sich im Anbau pilzresistenter Rebsorten aus Amerika. Auf den Azoren pflanzte man, noch bevor der Mehltau besiegt war, die nordamerikanische rote Rebsorte Isabelle an.

Noch heute keltert man auf der Insel Terceira den Likörwein Biscoitos, dessen Name auf die Form der Lavamulden zurückgeht, die an Kekse (pt. *biscoito*) erinnert. Lokale Weine sind Verdelho dos Açores oder Terrantez. Der Lajido ist ein weißer Dessertwein von der Insel Pico. Auch die (in Frankreich lange verbotene) Hybridrebe Noah wird für den lokalen Verbrauch vinifiziert.

Flores

Azores

Graciosa

Faial

Pico

São Jorge

Terceira

Ponta Delgada

São Miguel

Santa Maria

Atlantic
Ocean

PORTUGAL

SPAIN

Lisbon

Madeira

N

500 km

Canary
(SPAIN)

Lanzarote

MOROCCO

Western Sahara

ALGERIA

Anbau auf der Insel Lanzarote

Weingärten in einer kargen Kraterlandschaft

Auf der vor der westafrikanischen Küste gelegenen spanischen Kanareninsel Lanzarote herrschen aus landwirtschaftlicher Sicht äußerst schwierige Bedingungen: weniger als 200 Millimeter Niederschlag pro Jahr und ein wenig fruchtbarer, teils von schwarzer Vulkanasche und Gesteinsfragmenten bedeckter Boden. Die Schlacke stammt aus dem Jahr 1730, als der im Westen der Insel gelegene Vulkan Timanfaya ausbrach. Zudem machen starke, warme Saharawinde und die damit einhergehende Trockenheit jeden Versuch zunichte, Pflanzen anzubauen. Trotz dieser extremen Bedingungen haben einige Winzer durch Anpassung an die Gegebenheiten vor Ort das Unmögliche möglich gemacht. So südlich der Inselhauptstadt Arrecife. Die Weinberge von La Geria sind von mehrere Meter breiten Trichtern (*hoyos*) und Gräben (*zanjas*) durchzogen, die bis zu der unter der Ascheschicht liegenden Erde reichen. In diese Vertiefungen haben die Weinbauern ihre Rebstöcke gepflanzt, deren Wurzeln tief in den Boden hineinreichen. Die sterile Vulkanschicht reduziert die Verdunstung und speichert die spärlichen Niederschläge sowie die Nachtfeuchtigkeit und gibt diese an die Pflanzen ab. Halbmondförmig errichtete Mäuerchen aus dunklem Lavagestein schützen die einzelnen Rebstöcke zudem vor der Austrocknung durch den ständigen Wind. In dieser faszinierenden Vulkanlandschaft scheint das satte Grün der Weinblätter das einzige Zeichen pflanzlichen Lebens zu sein.

Bemerkenswert ist überdies, dass die gefürchtete Reblaus (*Daktulosphaira vitifoliae*) vulkanische Böden verabscheut. Während Weinberge in ganz Europa und der Welt von dem schädlichen Insekt vernichtet wurden, konnte der Wein auf Lanzarote in Ruhe gedeihen.

Interessantes über das Abenteuer des Weinbaus auf Lanzarote weiß das Weinmuseum von El Grifo zu berichten, das unter anderem alte Werkzeuge zeigt, die bis heute bei der von Hand ausgeführten Arbeit zum Einsatz kommen. Die lokalen Cuvées aus den Rebsorten Malvoisie, Muscat, Vijariego oder Listán Negro, die in den zahlreichen Bodegas entlang der malerischen Weinstraße von Lanzarote zur Verkostung angeboten werden, sind absolut einzigartig.

© Pierrick Bourrault

Wein aus Pompeji

Zweitausend Jahre nach dem verheerenden Vulkanausbruch wachsen in Pompeji wieder Reben und liefern Einblicke in den Weinbau der Antike

Am 24. August des Jahres 79 n. Chr. spuckte der Vesuv Feuer und begrub die Stadt Pompeji und die Umgebung am Golf von Neapel unter einer meterhohen Ascheschicht – auch der Weinberg am Vesuv, der den kaiserlichen Hof in Rom mit köstlichem Wein versorgte, lag für viele Jahrhunderte erstarrt unter Vulkanasche. In der Region spielte der von den Griechen übernommene Weinbau schon lange vor dem Vulkanausbrauch eine bedeutende Rolle. Archäologen entdeckten bei den Ausgrabungen in Pompeji Darstellungen auf Wandmalereien, die zeigen, wie groß die Weinberge an den Hängen des Vulkans in römischen Zeit waren. In der Ebene baute man Feldfrüchte an, denn „Bacchus liebt die Hügel", hieß es.

Die archäologischen Grabungen förderten in der verdichteten Asche abgeformte Rebstöcke, Wurzeln und Stickel zutage. Diese einzigartigen Zeugnisse erzählen vom Weinbau im antiken Pompeji und liefern aufschlussreiche Details.

Die Pflanzfläche für die von Hand bearbeiteten Rebstöcke betrug vier römische Quadratfuß (1,18 x 1,18 m). Etwas mehr Platz war für die Bereiche eingeplant, in denen Zugtiere zum Einsatz kamen – wovon auch der Gelehrte Plinius der Ältere in seiner *Naturalis Historia* berichtet.

Da Land im städtischen Gebiet knapp war, pflanzten die Weinbauern von Pompeji ihre Reben dicht an dicht in engen Reihen auf den fruchtbaren Basaltboden. Dies hatte den positiven Nebeneffekt, dass die dadurch entstehende Verschattung des Bodens das Unkrautwachstum zwischen den Reben eindämmte und den Aufwand des Jätens verringerte. Doch nicht nur das: Die Arbeit konnte im Schatten verrichtet werden. Die Pergola-Erziehung der Reben (Laube oder Spalier) mit ihrem dichten Blattwerk schützte außerdem die Trauben vor hungrigen Vögeln. So optimierten die klugen römischen Weinbauern also gleichzeitig die Rendite ihrer Arbeitskräfte und ihrer Böden.

Die Pergola ist nicht das einzige System, das in der Antike zum Erziehen von Wein zum Einsatz kam. Plinius der Ältere und der Agronom Lucius Columella nennen fünf weitere Methoden: das „Abdecken", bei dem die Zweige wie beim Anbau von Melonen den Boden bedecken, die freistehende Gobelet- oder Buschrebe (frz. *Becher*), die vertikale „Spindel", den horizontalen „Vorhang" oder die „Alberata", die wie eine wilde Rebe an einem lebenden Baum wächst und heute noch in der Nähe von Neapel bei der Asprinio-Traube zu finden ist.

Die Römer waren hervorragende Winzer und passten das Erziehungssystem der Reben an das jeweilige Klima und Terroir an. In der Parzelle des gallorömischen Museums von Saint-Romain-en-Gal südlich von Lyon sind die genannten Erziehungsformen zu sehen. Plinius der Ältere, den stets seine wissenschaftliche Neugier angetrieben hatte, kam durch giftige Schwefeldämpfe ums Leben, als Pompeji unter der Asche des Vesuvs versank.

Heute unterhält das Weingut Mastroberardino auf der historischen Ausgrabungsstätte eineinhalb Hektar mit Weinstöcken der einheimischen roten Rebsorten Piedirosso, Aglianico und Sciascinoso. Sie ähneln denen von Plinius beschriebenen und auf den Fresken in Pompeji dargestellten antiken Sorten. Einzige Konzession an unsere Zeit: die Unterlage für die Rebstöcke stammt aus Furcht vor der Reblaus aus amerikanischen Pflanzen.

Das Weingut Mastroberardino hat die Bewirtschaftung des Weinbergs von Pompeji zwar 2021 eingestellt, bietet jedoch nach wie vor Abfüllungen seines *Villa dei Misteri* aus früheren Jahrgängen zum Kauf an. Im Hinblick auf eine bessere Ausreifung der Trauben wurde die Pergola-Kultur zum Teil durch Einzelpfahl-, Palissage- oder Gobelet(*alberello*)-Erziehung ersetzt. Die Weinbereitung erfolgt nach modernen Verfahren: „Andernfalls wäre der Geschmack des Weins wohl einfach zu derb!", lacht der Önologe des Guts. Bei Mastroberardino schlägt man zwei Fliegen mit einer Klappe: Zum einen wird hier ein besseres Verständnis für die Techniken ermöglicht, die im Weinbau vor dem Einfall der Reblauskatastrophe angewandt wurden, und zum anderen erfolgt eine Aufklärung über die historische Dimension des Weinbaus in Kampanien.

Die Flasche *Villa dei misteri*-Rotwein ist für rund 100 Euro zu haben. Eine Erfahrung, die daran erinnert, dass die Weinparzelle ein kulturelles Forschungsfeld – und Wein ein Kulturgut ist.

© Pierrick Bourgault

SWITZERLAND

HUNGARY

SLOVENIA

Milan

Venice

CROATIA

FRANCE

BOSNIA AND
HERZEGOVINA

SERBIA

ITALY

Adriatic
Sea

MONTENEGRO

Kosovo

Rome

NORTH
MACEDONIA

Naples

ALBANIA

Tyrrhenian
Sea

GREECE

N

200 km

Wein aus der Lagune von Venedig

Ein salziges Terroir am Meer

Bevor der gebürtige Franzose Michel Thoulouze sich in Venedig niederließ, gründete er verschiedene Fernsehsender wie Planète, Canal Jimmy, CinéCinéma oder Seasons. Wie wurde der Produzent für audiovisuelle Medien zum Weinerzeuger? „Ich liebe es, Dinge zu erschaffen, die Landschaft zu verändern, bei null anzufangen. Ich hätte nie ein bereits bestehendes Weingut gekauft. Ich habe mein Hobby zum Beruf gemacht."
Die Insel Sant'Erasmo gehört administrativ zu Venedig, hat äußerlich jedoch mit der Lagunenstadt, die jedes Jahr von 30 Millionen Touristen besucht wird, kaum etwas gemein. Als Michel Thoulouze die verlassenen Gärten auf Höhe des Meeresspiegels entdeckte, holte er sich Rat von Winzerfreunden aus dem Burgund. Michel ist überzeugt: „Venedig ist eine hervorragende Marketingidee. Aber letztlich muss der Wein natürlich auch gut sein." Sein größtes Problem: „Wein mag kein Salz!"
Michel Thoulouze ging das große Wagnis, in der Lagune Wein anzubauen, intuitiv ein. Als er auf eine Karte seines Grundstücks aus dem 17. Jahrhundert stieß, auf der ein Weinberg eingezeichnet ist, ließ er nicht mehr locker: „Eine Bodenanalyse erbrachte Spuren von Kupfer, was darauf schließen ließ, dass hier früher einmal Wein angebaut wurde, das Vorhaben jedoch angesichts der Schwierigkeit des Unterfangens in dieser Gegend wieder aufgegeben wurde." Thoulouze folgte dem Rat des Bio-Agronomen Claude Bourguignon, die Erde nicht umzupflügen, sondern Gerste, Ölrettich und Sorghumhirse zu pflanzen, um den Boden vorzubereiten. „Die Nachbarn haben uns für verrückt erklärt, als wir ihnen erzählten, dass wir Wein anbauen wollten, ohne den Boden vorher zu bearbeiten." Gemeinsam mit dem Önologen Alain Graillot aus dem Weinbaugebiet Crozes-Hermitage beschloss Michel, „alte, weiße Rebsorten anzupflanzen, die auch zu Zeiten der Republik Venedig möglicherweise schon hier wuchsen: Malvasia lstriana, Vermentino, Fiano di Avellino".

Außerdem entschied sich Michel dazu, die Reben wurzelecht anzupflanzen und sie nicht auf eine amerikanische, gegen die Reblaus resistente Pflanze aufzupfropfen. Seine Wette: „Der hohe Salzgehalt des Bodens wirkt von selbst auf das aggressive Insekt abschreckend."

Doch warum dieses Risiko? Dazu hat Michel eine klare Meinung: „Ich möchte den ursprünglichen Geschmack des Weins wiederfinden. Wurzelechte Stöcke sind sehr eigenwillig. Sie produzieren weniger Trauben, manche klein, andere groß, und stehen auf der Parzelle wie trotzige Jugendliche, die nicht im gleichen Rhythmus wachsen. Am Ende ist der Wein jedoch deutlich besser als man denken würde. Vom Duft her ist er zwar eher schwach – aber er hat Struktur. Du trinkst ein Glas und hast direkt Lust, dir gleich noch ein zweites zu genehmigen. Mein Wein heißt schlicht und einfach *Orto* – italienisch für Obst- oder Gemüsegarten."

Die Abfüllung erfolgt auf einem Lastwagen, der per Schiff über die Lagune zum Weingut befördert wird. Es ist eben nichts einfach in Venedig. Michel Thoulouze selbst fährt eine Ape, das italienische Rollermobil mit drei Rädern, um den Boden nicht zu verdichten, und liefert seine Ware mit dem Schiff aus. Auf seinen 4,5 Hektar erzeugt er aktuell rund 10.000 Flaschen. Bald sollen es 20.000 sein. Zu seinen Kunden zählt auch der Bürgermeister von Venedig, der den Wein gern seinen Gästen als Geschenk überreicht.

Ein Landwirt aus der Nachbarschaft berichtet mit gewissem Stolz: „Es ist das erste Mal, dass einer unserer Weine ein Etikett trägt!" Michel Thoulouze hat sich den Respekt seiner Nachbarn erarbeitet – mit seiner Hartnäckigkeit, seiner Einfachheit und auch, wie er gern sagt, „weil die Italiener eine Einwandererkultur haben".

© G. Bombieri

Il vino della pace, ein „Friedenswein", gekeltert aus 600 Rebsorten von allen fünf Kontinenten

Der Geschmack der ganzen Welt in einem Glas vereint

Das italienische Friaul zwischen Slowenien, den Alpen und der Adria ist eine Übergangsregion. Die römische, slawische und germanische Kultur treffen hier aufeinander. Das zeigt auch ein Blick auf die Rebsorten: Merlot, Cabernet Franc, Pinot Blanc und Pinot Gris erinnern an die napoleonische Zeit und die Jahre der französischen Besatzung, die Fässer der Winzergenossenschaft Cormons verweisen mit ihrem Dekor auf den Umstand, dass das Westfriaul bis 1919 zu Österreich gehörte.

Es gibt im Friaul viele lokale Rebsorten (Verduzzo, Refosco, Picolit …) und den Winzern fällt die Entscheidung, welche davon sie anbauen sollen, bisweilen schwer. Dieser Überfluss erschwert Beratern, die alle regionalen Sorten samt ihrer spezifischen, vor allem die Pflanzengesundheit betreffenden Probleme kennen müssen, die Arbeit. Biodiversität kann der Kommerzialisierung von Wein also auch schaden – denn wie soll man potenziellen Kunden die geschmacklichen Unterschiede und besonderen Merkmale jeder einzelnen Cuvée erklären?

Den Winzern in der Region ist es indes gelungen, aus den mit dieser Vielfalt verbundenen Schwierigkeiten eine Stärke zu machen. Entgegen der italienischen Tradition, nach der ein Wein nach seinem Ursprungsort benannt wird, finden sich auf den Etiketten im Friaul die Namen der Rebsorten, und in Rauscedo hat man sich heute ganz auf die verschiedenen Varietäten spezialisiert.

VINO DELLA PACE
Cantina Produttori
CORMÒNS

Die wohl spektakulärste Initiative jedoch hat die Genossenschaft Cormòns ins Leben gerufen. Seit 1983 treffen sich ihre 200 Mitglieder jedes Jahr gemeinsam mit internationalen Gästen auf den 3 Hektar einer Museumsparzelle zur Weinlese, auf der 600 Rebsorten aus der ganzen Welt – von Syrah, Scheurebe und Pedral über Marzemino und Terrano bis hin zu Merlot, Gamay und Ucelut – angepflanzt sind.

Die in edle Holzkisten verpackten Flaschen, die von namhaften Künstlern und Künstlerinnen gestaltete Etiketten zieren, finden ihren Weg in Botschaften und zu Staatschefs auf der ganzen Welt, „als Geschenk der Brüderlichkeit und der guten Beziehungen zu Italien".

CZECH REPUBLIC

GERMANY

SLOVAKIA

AUSTRIA

HUNGARY

SWITZERLAND

Sinefinis

SLOVENIA

FRANCE

○ Milan

○ Venice

CROATIA

SERBIA

BOSNIA AND
HERZEGOVINA

ITALY

MONTENEGRO

Kosovo

○ Rome

○ Naples

ALBANIA

GREECE

ALGERIA

TUNISIA

N

200 km

Ein grenzübergreifender Wein

Daran, dass die Region zwischen Italien und Slowenien vor 1947 geeint war, erinnert der Wein mit dem Namen »Ohne Grenzen«

Sinefinis – „ohne Grenzen" – heißt der besondere Wein aus den Erzeugnissen eines slowenischen und eines italienischen Winzers. Er vereint symbolisch ein 1947 geteiltes Anbaugebiet – auf der einen Seite Italien, auf der anderen Jugoslawien. Bis 1919 gehörte das Gebiet zu Österreich, anschließend zu Italien, bevor der Eiserne Vorhang 1947 den heute slowenischen Teil bis in die 1990er-Jahre vom Rest Europas abtrennte.

In diesem Grenzgebiet beschlossen der Slowene Matjaz Cetrtic vom Weingut Ferdinand und der Italiener Robert Princic da Giasbana vom Weingut Gradis'ciutta dieselbe lokale Rebsorte anzubauen. Je nachdem, auf welcher Seite der Grenze man sich befindet, heißt die Rebe Rumena Rebula oder Ribolla Gialla. Die beiden Winzer absolvierten ihren Master in Wine Business, schlossen sich zusammen und erzeugen fortan den Wein *Sinefinis*.

Der Grundwein wird in den jeweiligen Gütern in Slowenien oder Italien gekeltert, der Ausbau erfolgt in einem dritten gemeinsamen Unternehmen. Dieses außergewöhnliche, grenzüberschreitende Projekt will zeigen, dass die zweigeteilte Weinbauregion mit den Appellationen Brda in Slowenien und Collio in Italien zusammengehört. Der Wein wird zum Träger dieser politischen Botschaft.

In der Region diktierte die Geopolitik der Vergangenheit sogar die Wahl der Rebsorte, erklärt Toni Gomiscek, Direktor der Vinoteka Brda, in der die größte Auswahl an Weinen der Region erhältlich ist. Diese Tatsache ist für Gomiscek ein Paradebeispiel für das absurde Erbe totalitärer Regime: „Als wir zu Österreich-Ungarn gehörten, zählte vor allem der Rotwein, da wir uns damals im Süden des Reichs befanden – klar, im Süden pflanzt man eben rote Rebsorten. Als wir dann italienisch wurden, sollten wir Weißwein anbauen. Auch das war logisch, denn jetzt lagen wir ja im Norden des Landes!" Die weiße Rebsorte Rebula ist jedoch bis heute geblieben.

© Pierrick Bourgault

99

CZECH REPUBLIC

GERMANY

SLOVAKIA

AUSTRIA

HUNGARY

SWITZERLAND

SLOVENIA

FRANCE

Milan

CROATIA

Venice

BOSNIA AND
HERZEGOVINA

SERBIA

*Paradiso
di Frassina*

ITALY

MONTENEGRO

Kosovo

Rome

Naples

ALBANIA

GREECE

ALGERIA

TUNISIA

N

200 km

Wein mit Musik

»Der den Wein beschallt«

Es gibt Winzer, die in ihrem Weinberg Lautsprecher aufstellen. Einer der bekanntesten unter ihnen ist der Italiener Giancarlo Cignozzi vom Gut Paradiso di Frassina in der Toskana. Dem früheren Rechtsanwalt ist es gelungen, das US-amerikanische Unternehmen Bose Corporation davon zu überzeugen, ihm Boxen zur Beschallung seiner Weinberge zu überlassen. Je nach Jahreszeit gibt es andere Musik zu hören: Sakrales im Winter und Barockes wie Musik von Vivaldi im Frühling. Zwei Forscher, Stefano Mancuso von der Universität Florenz und Andrea Lucchi von der Universität Pisa, untersuchen, welche Wirkung Musik auf das Wachstum der Reben und die Insekten im Weinberg hat. Die Ergebnisse sind recht ermutigend, sowohl in Bezug auf das Wachstum als auch hinsichtlich der Resilienz der Pflanzen.

In der Branche hat Giancarlo Cignozzi sich international bereits einen Ruf gemacht. Der Winzer, der seinen Wein mit Musik „nährt", vergleicht die Reben auf poetische Weise mit verschiedenen Charakteren aus Mozartopern. In ihrem Gegen- und Miteinander kommt den Reben im Gesamtwerk eine ganz bestimmte Rolle zu.

Dort, wo die Trauben für die Cuvée *Flauto magico* (*Die Zauberflöte*) wachsen, ist durchgehend Musik zu hören: „Ein strenger Wein, der aber durch zarte, elegante Tannine besticht." Wolfgang Amadeus sei Dank? „Ich denke ja, doch entscheiden Sie am besten selbst!" Auf einem der Weinetiketten sieht man Trauben, die wie Noten auf Linien angeordnet sind. Giancarlos Wein *12 Uve* stellt eine Verbindung zwischen seinen zwölf Rebsorten und den zwölf Noten der chromatischen Tonleiter her.

Auch in Frankreich gibt es Weingüter, die mit Musikbeschallung experimentieren. Die Firma Génodics verzeichnet mehr als 200 Anlagen in Weinbergen, Gemüseanbau und Viehzucht, in denen akustische Verfahren auch zu therapeutischen Zwecken eingesetzt werden. Der französische Physiker Joël Sternheimer (geb. 1943) beobachtete, dass die Biosynthese der körpereigenen Proteine von Frequenzen und Rhythmen begleitet wird, die er als „Proteodien" bezeichnete. Seiner Auffassung nach können Klangsequenzen auf diese Synthese einwirken, bestimmte Aminosäuren begünstigen oder hemmen, biologische Prozesse regulieren, die natürliche Widerstandskraft stärken sowie Viren-, Bakterien- oder Pilzerkrankungen abwehren. Der Winzer Michel Loriot beschallt seinen Weinberg in Festigny in der Champagne ebenfalls mit Musik. Er hat festgestellt, dass die Trauben dadurch widerstandsfähiger gegen Krankheiten sind und die Musik dazu beiträgt, dass sie besser gedeihen. Die Holzkrankheit Esca, verursacht durch einen aggressiven Pilz, scheint ebenfalls durch die Behandlung zurückgedrängt zu werden.

alparadisodifrassina.it

Musik im Weinkeller

Michel Loriot setzt in seinen Weinkellern auf die Musiktherapie: „Die größten Komponisten begleiten unsere abgefüllten Weine: die *Prise de mousse*, die Schaumbildung, erfolgt zwei Monate lang zu den Klängen von Beethovens *Pastorale*. Anschließend sind Mozart, Brahms, Mahler, Vivaldi und Elgar in unseren Gewölben zu Gast und tragen ihren Teil zu diesem magischen Prozess bei. Die Schwingungen der Noten erreichen den Wein, die Hefen und die in ihm enthaltenen Proteine. Sie wirken auf seine Struktur ein und helfen ihm, seinen Duft und seine Aromen während der Reife voll zu entfalten."
Der biodynamische Winzer Nicolas Joly (s. Seite 35) verfolgt eine etwas andere Technik: „Am besten schlägt man mit der Stimmgabel im Weinkeller nur einen Ton an." Andere Kollegen spielen neben ihren Fässern Geige oder Akkordeon oder lassen in ihren Hanglagen das Jagdhorn erklingen.
champagne-michelloriot.com

Musik bei der Verkostung

Musik verändert unsere Wahrnehmung und beeinflusst somit auch eine Verkostung. Ophelia Deroy, Forscherin im Centre for the Study of the Senses der Universität London, berichtet von einem Experiment, bei dem die Testpersonen, die Wein zu Klängen der *Carmina Burana* von Carl Orff probierten, diesen als kräftiger bewerteten als jene, die andere Musikstücke zu hören bekamen. Umgekehrt wurden Weine als frischer wahrgenommen, wenn sie in einem Raum serviert wurden, in dem das dynamische Stück *Just Can't Get Enough* von Depeche Mode lief.

Doch Vorsicht, auch hier gilt: Übermut tut selten gut! Wer zu viele Sinne gleichzeitig anspricht (Schmecken, Sehen, Hören ...), der läuft Gefahr, seine Sinne zu überfluten und die für eine Weinverkostung nötige Konzentration und Introspektion zu verlieren.

So kann man beim Genuss von Wein unter Einfluss von Bildern und Klängen schnell mit zu vielen Informationen gleichzeitig überfordert sein oder die Wahrnehmung in eine bestimmte Richtung gelenkt werden.

Auch Festivals verbinden häufig Musik und Wein. Verschiedene Wein- und Musikliebhaber empfehlen dabei ganz bestimmte Stücke zu bestimmten Tropfen. Oft handelt es sich um persönliche Vorlieben, doch die Analogie zwischen auditiven Empfindungen und jenen, die durch den Inhalt eines Glases hervorgerufen werden, scheint bisweilen unverkennbar. Beispiele für dieses synästhetische Erlebnis bieten die *Sonorités aromatiques* (*Aromatische Klänge*) von Frédéric Beneix von Wine4Melomanes und Marien Nègre in Château La Croix du Merle (Saint-Émilion).

Auch auf diesem Gut erklingt Musik in den Weinbergen und Kellern.

Die erstaunliche Verbindung zwischen Musik und Wein

Zur Terminologie der Weinverkostung zählen Begriffe wie Note (holzig, würzig ...), Attacke, Finale oder Harmonie, die bereits die Analogie zur Musik aufzeigen. Sie bewerten die Länge des Geschmacks im Gaumen und des Abgangs eines Tropfens in der Maßeinheit Caudalie und beschreiben sozusagen die Stille nach dem Genuss von Mozarts Musik, die ebenso Mozart ist. Auch die Form eines Weinglases und die Akustik eines Konzertsaals sind vergleichbar, denn beide können das Werk des orchestrierenden Winzers verstärken oder stören. Jahrtausendelang wurden Trauben mit bloßen Füßen oder mit Pantinen an den Füßen im Rhythmus der Gesänge, die die Arbeit im Weinberg begleiteten, gepresst. Die Gewohnheit, bei der Arbeit zu singen, ging nach dem Ersten Weltkrieg vielerorts verloren, doch äußert sich die uralte Tradition, die Wein und Musik verbindet, heutzutage noch bei Banketten, auf denen Trinklieder erklingen, sowie in der Kirche bei der Messe, wo der Wein stets mit musikalischer Begleitung oder Lobgesang verknüpft ist.

Der berühmte französische Önologe und Geschmacksphilosoph Jacques Puisais (1927–2020) zog eine weitere Parallele: „Die Partitur des Weins ist in den Boden eingeschrieben", lautete einst sein Fazit. Und es gibt noch eine visuelle Analogie: Die Drähte, die im Weinberg gespannt sind, ziehen sich gleichsam wie Notenlinien durch die Reihen der Reben, an denen die Trauben wie Noten hängen.

Unter den Weinen ist der Perlwein wohl der musikalischste von allen. Beim Öffnen der Flasche ist ein Knall zu hören, den distinguierte Gäste meiden. Sie bevorzugen das diskrete Murmeln der Bläschen im Glas. Das Geräusch des knallenden Korkens ist bis heute eines der schönsten Argumente für echten Kork anstelle nüchterner Aluminiumkapseln.

SWITZERLAND

FRANCE

Milan

Venice

SLOVENIA

HUNGARY

CROATIA

BOSNIA AND
HERZEGOVINA

SERBIA

ITALY

Adriatic
Sea

MONTENEGRO

Kosovo

Rome

NORTH
MACEDONIA

Naples

ALBANIA

Tyrrhenian
Sea

GREECE

N

200 km

Pantelleria

© Pierrick Bourgault

Alberello de Pantelleria

Die erste von der UNESCO ausgezeichnete landwirtschaftliche Praxis

Ende November 2014 stimmten die Vertreter von 161 Staaten einstimmig dafür, den *Alberello di Pantelleria*, die traditionelle Anbauweise von Rebstöcken auf der Mittelmeerinsel Pantelleria, zum UNESCO-Welterbe zu erklären. Es ist das erste Mal, dass eine außergewöhnliche landwirtschaftliche Praxis in diese Liste lokaler Traditionen, Feste und Veranstaltungen aufgenommen wurde.

Die rund 8300 Hektar große Insel Pantelleria gehört zu Italien und liegt näher am nordafrikanischen Tunesien (72 km) als an Sizilien (100 km). Ihre Bewohner haben Pantelleria in jahrhundertelanger harter Arbeit in einen echten Paradiesgarten verwandelt. Auf dem so gut wie unkultivierbaren, immer wieder von schroffem Vulkangestein durchbrochenen Boden errichteten Generationen von Insulanern auf Tausenden von Kilometern Mauern und kleine Terrassen, auf denen Rebstöcke und Kapernsträucher gedeihen. Ein wenig erinnert die Insellandschaft an eine antike Stätte, von der nur die Grundmauern die Zeitläufte überdauert haben.

Die Herausforderungen für die Weinbauern sind riesengroß: so gut wie kein Niederschlag (lediglich an die 300 Millimeter, die fast ausschließlich im Winter fallen), der heiße Scirocco-Wind, der Sand mit sich führt, die Vegetation austrocknet, Blüte und Befruchtung beeinträchtigt und die Früchte, die sich dennoch durchsetzen, angreift.

Auf der Insel gibt es kaum nennenswerte Süßwasservorkommen, einzig heiße schwefelhaltige Vulkanquellen mit ungenießbarem Wasser. Eine Bewässerung ist von daher unmöglich. Wenn es brennt, bleibt zum Löschen nur Meerwasser, das die Pflanzen vernichtet.

© Pierrick Bourgault

Passerillage der Trauben bei Carole Bouquet

© Pierrick Bourgault

Trocknen der Trauben auf dem Weingut De Bartoli

Viele Jahrhunderte wurde die Insel immer wieder von Piraten heimgesucht. Überleben konnten die Menschen in dieser unwirtlichen Umgebung allein dank ihrer traditionellen Häuser, den *Dammusi*, über deren Dachkonstruktion Regenwasser im Winter gesammelt und in Zisternen aufgefangen werden konnte. Die schmalen Fenster schützten vor Wind und Sand, die Läden verhinderten, dass Licht nach außen drang und Piraten anlockte.

Die Gärten auf der Insel wurden immer wieder ausgebessert und durch Steinmauern eingefriedet. Mehrere Meter hohe, kreisrunde Mauerwälle bilden sogenannte arabische Gärten, in denen einzelne Orangen- oder Zitronenbäume geschützt vor dem unerbittlichen Wind wachsen. Noch heute hegt und pflegt man auf Pantelleria Obstbäume wie wertvolle Rennpferde. Über oben abgeschrägte Mauern wird jeder noch so kleine Regentropfen ins Innere des Gartens gelenkt.

Die Pflanzen auf der Insel haben es verlernt, Wasser über die Wurzeln aufzunehmen. Sie saugen Feuchtigkeit über ihre Blätter ein, wenn durch das Temperaturgefälle zwischen Tag und Nacht feuchte Meeresluft kondensiert. Dieses Phänomen tritt zwischen den hohen Mauern der arabischen Gärten auf – aber auch in jeder einzelnen Kuhle, in der ein als *Alberello* (Bäumchen, Gobelet) erzogener Weinstock am Boden kriechend gedeiht. Die Alberello-Methode, Symbol einer arbeitsreichen wie genialen Landwirtschaft, ist es, die heute Teil des immateriellen Kulturerbes der Menschheit ist.

Lange Zeit hinweg wurde auf Pantelleria Wein für den Export von Rosinen angebaut. Heute entsteht hier der weiße Dessertwein *Passito di Pantelleria*. Der trockene Weißwein ist ein außergewöhnliches Elixier dieser so abweisenden Natur. Für den *Passito* werden ähnlich wie beim ungarischen *Tokajer Aszú* während der Gärung getrocknete Trauben hinzugegeben.

Heute ist die Insel am Rande Afrikas zu einem mondänen Urlaubsort geworden. Die französische Schauspielerin Carole Bouquet erzeugt auf ihrem Gut den *Sangue d'Oro*. Gérard Depardieu lebte bereits auf der Insel, Giorgio Armani, Sting und Madonna sind auch immer wieder hier zu Gast. Die Auszeichnung durch die UNESCO wird die Berühmtheit der Weine von Pantelleria weiter steigern.

Vorbereitung des *Passito* auf dem Weingut Donnafugata

© Pierrick Bourgault

Weinriesen

Die 15 Meter hohen Rebstöcke wachsen nach antikem Vorbild auf Pappeln

Wein ist eine Kletterpflanze, die es ihrer Natur gemäß stets zur Sonne zieht. Wie schon der Gelehrte Plinius der Ältere in seiner berühmten *Naturalis Historia* erklärt, ließen die Römer ihren Wein an Bäumen ranken, was den Vorteil hatte, dass man keine Stützen setzen musste und die Trauben vor Bodenfeuchtigkeit und Tierfraß geschützt waren. Die Lese indes, hoch oben in den Baumwipfeln, war riskant, und nicht selten wurde vertraglich vereinbart, dass Arbeiter, die abstürzten und zu Tode kamen, „auf Kosten des Eigentümers verbrannt und bestattet" werden sollten.

Im Jahr 1600 beschrieb der französische Agronom Olivier de Serres (1539–1619) in seiner Abhandlung über die Landwirtschaft und den Ackerbau *Théâtre d'agriculture et mésnage des champs* auf hohen Bäumen wachsenden Wein im Norden Frankreichs, dort, wo die Sonne nicht immer so beständig scheint und Feuchtigkeit eine größere Rolle spielt: „Diese hohen Reben entwickelten sich zumeist in der Brie, der Champagne, dem Burgund, dem Berry und anderen Provinzen."

Heute finden sich einige hochwachsende Anpflanzungen noch in Italien, in Portugal und auf der Insel Kreta. Der berühmte portugiesische *Vinho Verde* rankte auf diese Weise einst in den Gärten an Bäumen empor. Zwischen den rund 15 Meter auseinanderstehenden Reihen der Rebstöcke baute man Weizen, Hanf oder Gemüse an – eine als Komplantation bezeichnete Pflanzung verschiedener Sorten. Diese antike Anbauweise, die zwar wenig Platz am Boden, aber viele fleißige Hände benötigt, ist fast vollständig verschwunden. Heutzutage werden die Triebe des *Vinho Verde* an einem Drahtrahmen als sogenannte Palissage erzogen, was die (maschinelle) Lese erleichtert. Doch noch immer findet man auf Bäumen in der italienischen Campania Trauben von alten, nicht veredelten Rebstöcken, die sich der Reblaus widersetzen konnten. Die Pflanzen der weißen Asprinio-Rebe klettern an Pappeln nach oben zum Licht, also an schnell wachsenden Bäumen mit kleinen Blättern, die den Trauben genug Sonne zum Reifen lassen. Ein weiterer Vorteil der Höhe ist hier die gute Belüftung durch den Wind vom nahen Mittelmeer, der Pilzerkrankungen der Trauben vorbeugt.

Die Familie Numeroso, Eigentümer des Weinguts Borboni, besitzt in der Nähe von Aversa (Kampanien) an die 15 Meter hohe Weinriesen, die weder beschnitten noch behandelt werden. Um die beeindruckenden, mit Trauben behangenen und grün berankten Pappeln zu beernten, klettern die Erntehelfer auf hohe, individuell angefertigte und als *Scale Napoletane* bezeichnete Leitern. Sie befüllen kleine, *Fescine* genannte, nach unten hin spitz zulaufende Körbe, die beim Herablassen in die Erde eindringen. Dort werden sie von einem weiteren Arbeiter geleert, bevor sie über einen Seilzug erneut den Weg nach oben antreten. „Die Kinder wollen diese Arbeit nicht mehr machen", hört man immer wieder, und der Winzer Mario Caputo seufzt: „Mein jüngster Erntehelfer ist 60 Jahre alt."

Jeder Rebstock wirft große Mengen Trauben ab, die jedoch wenig ausgereift sind und eher sauer – eines der Merkmale der Appellation Asprinio d'Aversa (it. *aspro* = sauer, herb). Mehrere Güter machen sich genau diese Säure zunutze und erzeugen aus den Trauben einen Perlwein nach traditioneller Methode (wie in der Champagne) oder im Tankgärverfahren (Cuve-close).

Carlo Numeroso setzt auf das exakte Gegenteil. Ihm gelingt das Kunststück, aus dieser Rebsorte einen Likörwein zu machen. Hierfür erntet er die Trauben bereits im Oktober, konserviert sie im Trockenen und gibt sie im Januar in die Presse: „Ich wollte Kindheitserinnerungen wecken, denn nach der Lese legten meine Eltern früher immer ein paar Zweige mit Trauben beiseite, die wir zu Weihnachten als Rosinen aßen. Der Rest wurde gepresst und zu süßem Wein verarbeitet."

Starke Weine

Im Süden Italiens entstehen unter der Sonne des Ionischen Meeres Weine mit einem außergewöhnlich hohen Alkoholgehalt von über 18 Prozent

Der Saft reifer Trauben enthält Zucker, der die natürlichen Hefen auf der Haut der Beeren und auf den Blättern der Weinpflanze nährt. Bei diesen Hefen handelt es sich um mikroskopische Pilze, die bei der Gärung Alkohol und Kohlendioxid absondern. Doch das Festgelage der Hefen endet, wenn kein Zucker mehr da ist oder die Hefen durch den hohen Alkoholgehalt absterben. Bei 18 Prozent Alkohol scheint ihre Überlebensgrenze erreicht zu sein. Für den Alkoholgehalt von Wein gelten keine Obergrenzen (Guido Baldeschi – Leiter der Önologiekommission der Internationalen Organisation für Rebe und Wein, OIV), und in der Regel entstehen Weine mit einem Alkoholgehalt von über 18 Prozent durch Zugabe von destilliertem Alkohol während oder nach der Gärung. Dennoch gibt es Ausnahmen.

In der sonnenverwöhnten süditalienischen Region Apulien reift die Rebsorte Primitivo (der Name bedeutet „früh", „frühzeitig") schnell, sodass bereits Ende August geerntet wird. Zögert man die Lese hinaus, entstehen in den überreifen Trauben hohe Zuckerkonzentrationen – üppig Nahrung für die Hefen und reichlich Alkohol! Familie Chiaromonte bietet im apulischen Acquaviva delle Fonti in der Nähe von Bari die Cuvée *Muro Sant'Angelo* mit 16,5 Prozent Alkohol zum Verkauf an. Außerdem gibt es eine Riserva mit 18 Prozent – und die Selezione Chiaromonte steht sogar mit stolzen 19 Prozent Alkohol im Regal. Das ist keine Seltenheit in dieser Appellation.

Eine Primitivo-Parzelle von Nicola Chiaromonte

© Pierrick Bourgault

© Pierrick Bourgault

Es gibt hier „lokale" Hefen, die in der Lage sind, Zucker unter extremen Bedingungen umzuwandeln. Die biologische Aktivität dieser Hefen setzt selbst bei hohen Alkoholgehalten nicht aus. Freilich verschlingen sie nicht den gesamten Zucker – 5 bis 10 Gramm verbleiben auch nach der Gärung, was den Geschmack des Weins im Stil der Neuen Welt abrundet. Einige Monate nach der Lese sind die apulischen Weine trinkreif und verströmen Aromen von schwarzen Beeren, Pflaumen in Alkohol, Kirschen in Branntwein, Trockenfeigen, Johannisbrot, Lakritz, Tabak, Schokolade oder Konfitüre, ohne dabei die Frische ihrer Jugend einzubüßen.

Vor- und Nachteile eines hohen Alkoholgehalts

Jurymitglieder bei Prämierungen zeichnen gern Weine aus, die sowohl in der Nase als auch am Gaumen besonders ausdrucksstark sind. Alkohol unterstreicht den Geschmack eines Weins. Der legendäre US-amerikanische Kritiker Robert Parker (geb. 1947) bevorzugte in seinen Bewertungen Weine mit hohem Alkoholgehalt und gab damit einen Stil vor, dem Winzer auf der ganzen Welt nachfolgten. Auch in den großen Weinregionen Südfrankreichs (Rhône und Languedoc) entstehen heute vermehrt „starke Weine". Verlangte der Markt gestern noch ein breites Angebot, so sind heute eher weniger, dafür jedoch hochwertigere Erzeugnisse gefragt. Viele Winzer schränken ihre Produktion ein, praktizieren eine „grüne Lese", bei der ein Teil der Trauben im Juni ausgeschnitten wird, um den Rebstock zu entlasten, der so seine Energie auf die perfekte Ausreifung der verbliebenen Trauben richten kann. Dank der präzisen lokalen Wettervorhersagen, die über das Internet abrufbar sind, erfolgt die Lese später und die Trauben sind stärker ausgereift. Zudem begünstigt die Klimaerwärmung den Anstieg des Alkoholgehalts. Steuergesetzgebungen und Psychologie ziehen allerdings beim Thema Alkohol die Grenze. Nicola Chiaromonte in Apulien exportiert seine alkoholstarken Weine nach Asien und in die USA, nicht jedoch nach Großbritannien oder Schweden, also in Länder, in denen Alkohol mit hohen Steuern belegt ist. Auch in Restaurants werden Gäste bei Weinen mit 14,5 Prozent Alkoholgehalt schnell nervös und bestellen lieber einen Wein mit 13 Prozent, wenngleich der Unterschied letztlich minimal ist.

CZECH REPUBLIC

GERMANY

SLOVAKIA

AUSTRIA

HUNGARY

SWITZERLAND

SLOVENIA

FRANCE

○ Milan

○ Venice

CROATIA

Vigna
dei Pastelli

BOSNIA AND
HERZEGOVINA

SERBIA

ITALY

MONTENEGRO

Kosovo

○ Rome

○ Naples

ALBANIA

GREECE

ALGERIA

TUNISIA

N

200 km

Vigna dei Pastelli

Eine Farbexplosion ganz in der Nähe der Langhe

Piercarlo Anfosso stand vor einem Problem: Die von den Genossenschaften entsendeten Hilfsarbeiter für die Arbeit im Weinberg konnten sich einfach nicht merken, wo sein Besitz endete und der seiner Nachbarn begann. Also kaufte er kurzerhand einen großen Kanister mit Farbe und strich die Pflöcke an seiner Grundstücksgrenze rot an. Doch die bunten Pflöcke boten im Weinberg ein so schönes Bild, dass Piercarlo im Winter beschloss, auch die übrigen Pflöcke anzustreichen und sie zuvor noch am oberen Ende anzuspitzen, um ihnen die Form überdimensionierter Buntstifte zu geben.

Dies war die Geburtsstunde der Vigna dei Pastelli („Weinberg der Buntstifte"), begrenzt durch große, bunte Holzpflöcke zu Beginn jeder Reihe, die das satte Grün der Rebstöcke in der piemontesischen Weinbauregion Langhe farbenfroh durchbrechen. In dieser Lage bietet sich bei klarer Sicht ein Ausblick bis zum Monte Viso mit seinem schneebedeckten Gipfel.

Die Idee des „Weinbergs der Buntstifte" erhielt viel Zustimmung und machte das Gut in der Region Asti bekannt, sodass der malerische Hügel heute Schauplatz von Verkostungen und Weinfesten geworden ist und sogar schon den romantischen Rahmen für eine Eheschließung bot.

Das Gut liegt exakt auf der Grenze zwischen den Provinzen Asti und Cuneo in einem landschaftlich ansprechendem Gebiet, das von sanften Hügeln und Weinbergen geprägt ist. Kaum verwunderlich, dass dieser Ort auch den entsprechenden Wein hervorbringt: Piercarlo Anfosso erzeugt einen hervorragenden Barbera, einen unglaublichen Dolcetto und einen mehrmals beim Premio Douja d'Or in Asti prämierten Muscat – den außergewöhnlichen *Moscato d'Asti DOCG I Pastelli.*

Rund 150 Meter von der Vigna dei Pastelli entfernt steht die Chiesetta della Beata Vergine del Carmine, ein Kirchlein aus dem 18. Jahrhundert, dessen Außenfassade der britische Künstler David Tremlett (geb. 1945) 2017 mit einem spektakulären Anstrich im Stil seiner Wall Drawings mit geometrischen Formen veredelte. Die Landschaft rund um die Weinberge schmückt sich mit Kunst, um das allgegenwärtige Grün mit inspirierenden Farbakzenten zu ergänzen.

SWITZERLAND

Milan

FRANCE

SLOVENIA

Venice

HUNGARY

CROATIA

BOSNIA AND
HERZEGOVINA

SERBIA

Fuori Marmo

ITALY

Adriatic
Sea

MONTENEGRO

Kosovo

Rome

NORTH
MACEDONIA

Naples

Tyrrhenian
Sea

ALBANIA

GREECE

N

200 km

Fuori Marmo

Eine Cuvée, ausgebaut in Amphoren aus weißem Marmor

Weißer Marmor aus den Steinbrüchen von Carrara ist weltberühmt aufgrund seiner hohen ästhetischen Qualitäten. Schon Bildhauer wie Michelangelo zog die besondere Lichtdurchlässigkeit und Oberflächenbeschaffenheit dieses Materials in ihren Bann. Etwas pragmatischer kam Marmor früher auch zur Haltbarmachung des Specks von im Herbst geschlachteten Schweinen zum Einsatz, der mit Kräutern und Salz in Trögen aus dem wertvollen Stein eingelegt wurde. Gegen Ende des Winters kam dieser gereifte *Lardo di Colonnata* als wertvolle, wohlschmeckende Energiequelle bei den Arbeitern auf den Tisch, die in den Marmorbrüchen harte Arbeit verrichteten. Auch Wein gärte und lagerte einst in Gefäßen aus Marmor, der vor Ort gewonnen wurde. Im Kontakt mit Luft wurde der Wein durch Oxidation und Gärung freilich nach und nach zu Essig, sodass eine längere Lagerung nur in verschlossenen Gefäßen oder den leichten traditionellen Holzfässern möglich war.

Dass Wein in Gefäßen aus Marmor gelagert wird, ist also nichts Neues. Dass diese steinernen Gefäße allerdings die Form riesiger eiförmiger Amphoren haben, ist hingegen eine originelle Idee von Sternekoch (3 Michelin-Sterne) Yannick Alléno, der sich mit dem toskanischen Winzer Olivier Paul-Morandini vom Weingut Fuori Mondeo auf den Hügeln der Maremma zusammengetan hat.

So entstand Fuori Marmo (it. „Aus dem Marmor") und der erste in Marmor ausgebaute Wein. Dafür schlug der Bildhauer Paolo Carli in fünf Monaten aus einem 34,8 Tonnen schweren Marmorblock aus Seravezza zwei große eiförmige Amphoren mit einem Fassungsvermögen von je 17,5 Hektolitern (1,75 m³) und je 2 Tonnen Gewicht.

In der Folge begann Paul-Morandini, die Interaktion des steinernen Gefäßes mit dem Wein genauestens zu untersuchen. Kalziumkarbonat, aus dem Marmor besteht, reduziert die Säure des Weins und wird in der Önologie als zugelassener Säureregulator eingesetzt. Zweieinhalb Jahre drehte Paul-Morandini an vielen Stellschrauben, bis er seine erste Cuvée, den *Cabernet Sauvignon IGT Costa Toscana 2019* präsentierte. Das Etikett aus dickem Büttenpapier erinnert an die Oberfläche eines Marmorreliefs. Für eine 0,75-l-Flasche dieser außergewöhnlichen Cuvée werden Preise von über 1000 Euro aufgerufen.

Vor Fuori Marmo wagten jedoch auch andere Weingüter in Italien und Österreich den Ausbau in Steingefäßen. Der weiße *Steinwerk* aus der Wachau zum Beispiel, ein in Marmor vergorener und gereifter Grüner Veltliner, ist für rund 20 Euro die Flasche zu haben.

© Pierrick Bourgault

Wein aus Verjus

Ist es möglich, aus spät reifenden Trauben Wein zu keltern?

Der Verjus oder *Jus Vert* (frz. = grüner Saft) ist ein säuerlicher Saft, der in der mittelalterlichen Küche gang und gäbe war. Gewonnen wurde er aus verschiedenen Pflanzen (Sauerampfer, Wildfrüchte ...) und zumeist aus unreifen, noch grünen Weintrauben. Da Verjus aus Früchten mit äußerst geringem Zuckergehalt (wie unreifen Trauben) stammt und daher keine Hefen nähren kann, die wiederum Zucker in Alkohol umwandeln, ist es theoretisch nicht möglich, damit eine alkoholische Gärung in Gang zu setzen und Wein zu erzeugen.

In den Weinbergen Apuliens jedoch, im tiefen Süden von Italien, scheint die Sonne so intensiv, dass die späten Verjus-Trauben schließlich doch zur Reife gelangen.

Klassischerweise beginnt die Lese im August. In einer zweiten Lese Ende Oktober werden dann die beinahe schon süßen Verjus-Trauben geerntet. Winzer schätzen ihre Säure für die Erzeugung spritziger Weine, allen voran Spumante.

Filippo Cassano vom apulischen Weingut Polvanera vinifiziert seinen Rosé-Schaumwein *Metodo Classico* aus Verjus-Trauben seiner Primitivo-Reben. Dabei setzt er auf dieselbe Flaschengärmethode, die auch beim Champagner Verwendung findet, und fügt für einen milderen Geschmack seines Rosé brut pro Liter Versanddosage 8 Gramm Zucker hinzu. Sein Nachbar Nicola Chiaromonte (s. Seite 115) führt im Oktober ebenfalls eine zweite Lese durch.

© Pierrick Bourgault

Wenngleich säuerliche Aromen in der Küche im Vergleich zum Mittelalter heute deutlich weniger präsent sind, findet man Saures noch in traditionellen Gerichten, wie beispielsweise Kalbskopf sauer, wieder oder in der wunderbaren süditalienischen Gewohnheit, Gegrilltes mit frisch gepresstem Zitronensaft zu verfeinern. Naturgemäß kamen in früheren Zeiten ausschließlich lokale Zutaten ins Essen, und Verjus verwendete man gern zum Ablöschen von gebratenem Fleisch oder Fisch. Der saure Geschmack von Verjus ist jedoch nicht mit dem Geschmack von Essig zu vergleichen, der durch die Oxidation des Alkohols aus Wein oder Apfelsaft durch Essigsäurebakterien entsteht. Die mittelalterlichen Köche versetzten den Verjus mit Salz, um seine Haltbarkeit zu verlängern und Bakterien abzutöten.

CZECH REPUBLIC

GERMANY

SLOVAKIA

AUSTRIA

HUNGARY

SWITZERLAND

Dobrovo SLOVENIA

CROATIA

FRANCE

Milan

Venice

BOSNIA AND
HERZEGOVINA

SERBIA

ITALY

MONTENEGRO

Kosovo

Rome

Naples

ALBANIA

GREECE

ALGERIA

TUNISIA

N

200 km

Schaumwein mit Hefesatz

Ein slowenischer Winzer, der das Degorgieren seinen Kunden selbst überlässt

Bei der traditionellen Methode zur Herstellung von Schaumwein, auch Méthode Champenoise genannt (was so allerdings nicht auf dem Etikett stehen darf), wird in der Flasche durch Hinzugabe von Zucker und Hefen eine zweite Gärung eingeleitet. Die Kohlensäure, die bei dieser Gärung entsteht, kann durch den Korken nicht entweichen und löst sich im Wein auf. So entstehen die typischen Bläschen.

Am Flaschenboden setzt sich jedoch im Zuge dieser zweiten Gärung Hefe ab – ein aus ästhetischen Gründen unerwünschter Nebeneffekt für ein Getränk, das pure Eleganz verkörpern soll. Die Winzer der Champagne haben dafür eine Lösung gefunden. Sie lagern die Flaschen kopfüber, sodass die Hefen in Richtung Flaschenhals wandern. Beim anschließenden Degorgieren werden die Flaschen einzeln geöffnet und der Hefesatz mitsamt Korken entfernt. Ein Vorgang, bei dem auch einige Tropfen des Flascheninhalts verloren gehen, die mit der sogenannten Versanddosage, einem teilweise gesüßten Wein, aufgefüllt werden. Fertig.

Das Degorgieren erfolgte früher manuell (fr. *à la volée* = mit Schwung) und erforderte viel Geschick (Warm-Degorgieren). Bei dem heute üblichen maschinellen Verfahren wird der Flaschenhals eingefroren, um den Volumenverlust in Grenzen zu halten (Kalt-Degorgieren).

Der slowenische Winzer Aleš Kristančič vom Weingut Movia (Dobrovo) überlässt diesen technisch anspruchsvollen Schritt den Sommeliers beziehungsweise sogar dem Endverbraucher und verkauft seinen Schaumwein in Flaschen, die vor dem Genuss erst noch selbst degorgiert werden müssen. „Das ist der einzige Schritt, der ausgelagert werden kann. Darüber hinaus führt er zu einem besseren Verständnis von Schaumwein", erläutert Aleš Kristančič, Erbe der viele Generationen umspannenden Winzerfamilie. Er erzählt auch aus den Zeiten, als das Weingut zu Jugoslawien gehörte: „Da Staatschef Tito unseren Wein sehr schätzte, sind wir damals von der Verstaatlichung verschont geblieben."

Der unkonventionelle Winzer Kristančič ist Autodidakt und setzt sich mit viel Selbstironie und Humor im Weinkeller unter farbigem Licht in Szene: „Achtung, die Flasche muss stets kopfüber lagern. Das neue Etikett kleben wir deshalb zur Erinnerung daran verkehrt herum auf."

Empfinden die Kunden es nicht als Zumutung, dass Sie ihnen das Degorgieren selbst überlassen? „Überhaupt nicht. Die Sommeliers lieben es geradezu. Es wertet ihre Arbeit auf und ist ein bisschen wie die Show bei der Cocktail-Zubereitung hinter der Bar." Als kleine Hilfestellung erhalten die Kunden von Aleš Kristančič einen Degorgierhaken oder einen transparenten Eimer mit eingebautem Flaschenöffner am Boden. Seine Cuvée *Puro* weist aber noch eine weitere Besonderheit auf: „Anders als bei der traditionellen Methode fügen wir für die Flaschengärung keinen Zucker und auch keine Hefe hinzu, sondern ausschließlich Traubenmost mit eigenem Zucker und Mikroorganismen. Der Wein entwickelt sich dadurch mit seinen natürlichen Hefen weiter und enthält keine Sulfite. Sein Leben ist unendlich. *Puro* ist wirklich ein sehr spezieller Schaumwein!"

Doch Vorsicht: die „lebendigen" Schaumweinflaschen müssen stets gut gekühlt lagern. Bei zu hohen Temperaturen könnten die Hefen aktiviert werden und die Flaschen explodieren.

© Pierrick Bourgault

131

ROMANIA

BULGARIA

SERBIA

Sofia

KOSOVO

Plovdiv

Skopje

NORTH
MACEDONIA

Thessaloniki

Thassos

ALBANIA

Halkidiki
peninsula

Karies

Çanakkale

Lemnos

GREECE

Northern
Sporades

TURKEY

Aegean
Sea

Eubea

Rouvalis

Athens

N

100 km

Griechischer Rosé vom Weingut Rouvalis

Ein Rosé, der die Regeln der klassischen Rosé-Erzeugung durch die Assemblage von Rot- und Weißwein widerlegt

Wie entsteht Roséwein? Durch Mischen von Weiß- und Rotwein? Diese Frage stellte sich 2009, als vor allem australische und südafrikanische Firmen beschlossen, Weiß- und Rotwein zu verbinden, um den expandierenden Markt für Roséweine zu erobern.

Die Winzer der Alten Welt, allen voran die aus der Provence, sahen damals rot: Wäre Rosé schlicht Weißwein mit ein paar Tropfen Rotwein, dann würde er nicht anders schmecken als Weißwein. Doch was einen echten Rosé ausmacht, ist eben nicht allein die Farbe.

Weißwein entsteht aus dem Saft weißer Trauben (bzw. roter Trauben mit weißem Saft), die direkt nach der Lese gepresst und vergoren werden. Rotwein hingegen wird aus roten Trauben erzeugt, die eine bis mehrere Wochen samt Schalen und Kernen mazerieren, gären und erst dann gepresst werden. Schalen und Kerne verleihen dem Wein in dieser Phase seine charakteristische Farbe sowie seine Aromen und Tannine. Der entstehende Alkohol entzieht ihm zudem bestimmte aromatische Verbindungen.

Die Technik für den Ausbau von Roséwein liegt irgendwo dazwischen: Rote Trauben mit weißem Saft mazerieren einige Stunden ohne Gärung, wobei der Saft durch den Kontakt mit der Schale eine leicht rötliche Färbung erhält. Dieser eingefärbte Traubensaft wird nach dem Pressen vergoren.

Das Wasser aus dem Traubensaft (Roséwein) und der Alkohol aus der Gärung (Rotwein) entziehen jedoch nicht dieselben Moleküle.

Umso verwirrender sind die Angaben auf dem Etikett eines griechischen Roséweins von Angelos Rouvalis, dem Vorsitzenden der *Greek Wine Federation*. Sein Rosé wird durch Assemblage von 75 bis 85 Prozent Syrah (rot) und 25 bis 15 Prozent Viognier (weiß) erzeugt. Der Geschmack dieses Weins ist in der Tat intensiv und liegt irgendwo zwischen Banane und englischen Fruchtbonbons: „Die Aromen von roten Früchten und Veilchen stammen aus der Syrah-Rebe, Apfel, Passionsfrucht und Pampelmuse aus der Viognier-Rebe", erklärt Rouvalis.

Theoretisch ist es nicht zulässig, Weiß- und Rotwein zu vermischen. Doch bei Rouvalis finden die Trauben beider Farben für vier bis acht Stunden zueinander und werden anschließend gepresst. Der Saft beider Rebsorten wird bei niedriger Temperatur (12 °C) rund zwei Wochen vergoren.

So erfanden die Griechen also kurzerhand einen Rosé im Format eines *Côte Rôtie Rosé*. Der *Côte Rôtie* ist einer der großen Weine der Côtes-du-Rhône. Er wird ebenfalls aus Syrah und Viognier als kräftiger Rotwein gekeltert.

Die Verbindung von Weiß und Rot – eine seltene Praxis

Die Mischung von Trauben unterschiedlicher Farben bildet in der Weinerzeugung eher die Ausnahme. In der Toskana ist für den Chianti die Hinzugabe eines Anteils weißer Trauben für einen etwas milderen Geschmack zulässig. Der Wein selbst indes ist rot. Auch im Bordeaux wurde die rote Lese früher aus denselben Gründen mit lokalen weißen Trauben vermischt. So entstand der Claret. In der Provence wiederum dürfen roten Trauben in der Appellation Luberon bis zu 20 Prozent weiße Rebsorten wie Vermentino hinzugefügt werden – vor der Gärung selbstverständlich. Hier geschieht dies nicht wegen der Farbe, sondern aufgrund des intensiven Aromas der Vermentino-Trauben. Heute ist der Weißwein stark nachgefragt, sodass er weiß vinifiziert und ab und an mit roten Rebsorten vermischt und als Rot- oder Roséwein gekeltert wird.

Der erste Wein war hell

Die alten Griechen spielten bei der Entstehung und Ausbreitung des Weinbaus eine bedeutende Rolle. Sie gaben ihr Wissen an die Etrusker weiter, über die es wiederum zu den Römern als den großen Kolonisatoren Europas gelangte. Archäologische Funde, Texte, Darstellungen auf Keramik – alles deutet darauf hin, dass die ersten Weine hell waren. Die Trauben wurden mit den Füßen im *palmento* gestampft und der Saft direkt vergoren, sodass nur ein Weiß- oder Roséwein entstanden sein kann. Rotwein entwickelte sich erst in späterer Zeit, als man begann, die dunklen Schalen gemeinsam mit dem Traubensaft mazerieren zu lassen.

© Pierrick Bourgault

135

Novorossiysk

RUSSIA

Pyatigorsk

Sochi

Groznyy

▲ 5 642 m

Sukhumi

North
Ossetia

Vladikavkaz

▲ 5 203 m

Abkhazia

Caucasus

▲ 5 047 m

Mou

n

t

a

i

n

s

South Ossetia
Tskhinvali

Poti

Black Sea

Gori

Kakheti

Batumi

Tbilisi

GEORGIA

N

Artvin

TURKEY

ARMENIA

AZERBAIJAN

Caspian
Sea

200 km

Yerevan

Amphorenweine aus Georgien

Wein aus riesigen Tongefäßen mit dem Geschmack der Antike

Das Land Georgien zwischen Russland und der Türkei war im Laufe der Jahrhunderte vielfach Spielball von Invasoren. Die Bauern in diesem fruchtbaren Gebiet begannen infolgedessen ihre Vorräte – Getreide, Öl und Wein – in großen Amphoren zu vergraben, um sie vor Raubzügen zu sichern. Diese als *kvevri* (georg. = großer Krug) bezeichneten Tongefäße kommen heute bei Tiefbauarbeiten immer wieder zutage.

In den Zeiten der Sowjetrepublik genoss der Wein aus Georgien einen guten Ruf. Es entstanden Weinfabriken für den Export in die gesamte Sowjetunion. Abseits von den staatlichen Weinbergen bearbeiteten die Georgier jedoch weiterhin ihre Weingärten und bereiteten auf traditionelle Weise den Familienwein in vergrabenen Amphoren zu. Das Rezept ist einfach, wie Winzer Tamasi Natroshvili erklärt: „Wir stampfen die Trauben und verbringen sie anschließend für die Gärung in Amphoren. Mit einem Stab wird der Traubentrester im Saft regelmäßig durchgerührt, damit er nicht austrocknet. Nach 20 bis 25 Tagen, wenn sich der Trester am Boden abgesetzt hat, füllen wir den Wein in eine andere Amphore um. Ein einfacher Weidenkorb dient dabei als Filter. Trester und Rappen (das Stielgerüst der Trauben) werden anschließend zu Tresterbrand, dem *Tschatscha* (Chacha), destilliert. Weitere zwei Wochen später füllen wir den Wein erneut in eine andere Amphore um und verschließen diese luftdicht. Dann wird der Wein noch drei weitere Mal umgefüllt: im Frühjahr, am Fest der Verklärung des Herrn am 6. August und zur neuen Lese. Damit sich der Wein gut hält, müssen die Amphoren immer gefüllt sein."

Für die sogenannte Kakhetische Methode (benannt nach der georgischen Region Kakhetien) braucht es weder fließendes Wasser noch Strom, weder Fässer, Klimaanlagen noch Kelter. Ein Stab, ein Weidenkorb und ein paar Amphoren reichen aus, um Wein zu erzeugen. Die Imerouli-Methode (benannt nach der georgischen Region Imeretien) ergibt einen etwas weniger rustikalen Wein, denn die Trauben werden von Hand von den Rappen gelöst, die den Geschmack des Weins beeinträchtigen und ihm adstringierende Eigenschaften verleihen. Die Herstellung ist bei roten und weißen Trauben identisch und zugleich eine faszinierende Zeitreise, die ein besseres Verständnis der Weinproduktion in der Antike ermöglicht.

Liebhaber natürlicher Weine erfreuen sich an diesen etwas derben Tropfen mit unbestreitbarer Säure, und immer mehr Winzer in der Region errichten Keller mit vergrabenen Amphoren.

Allerdings sind nur noch wenige Töpfer handwerklich in der Lage, diese voluminösen Tongefäße, die bis zu drei Tonnen Wein fassen, anzufertigen. Die alten Amphoren sind häufig porös oder beschädigt und ihre Restaurierung ist schwierig.

Woher bekommt man Amphorenwein aus Georgien?

Georgischen Wein, der in Amphoren vinifiziert wurde, kann man über Our Wine, Zurab Topuridze oder Iago Bitarishvili beziehen. Mehr dazu unter *triplea.it*.

In der Erde gefundene Tongefäße

Unter der Erdoberfläche eingegrabene Amphoren

© Pierrick Bourgault

Verborgene Weine aus dem Irak

In Kurdistan widmen sich Winzer im Verborgenen
dem Weinbau und der Weinerzeugung

Sollte der Weinbau in Mesopotamien, also dort, wo er einst entstanden ist, tatsächlich im Verschwinden begriffen sein? Paradoxerweise ist es nicht der Islam, der dem Weinbau im Irak schwer zugesetzt hat, sondern der Machthaber Saddam Hussein (1937–2006), ein laizistischer Weinliebhaber, dessen Vorliebe für den portugiesischen Rosé-Schaumwein *Mateus*, den man in den Kellern seiner Paläste fand, bekannt war. Der Genozid, den Saddam Hussein von 1987 bis 1991 in Kurdistan verübte, und die Vertreibung Tausender Menschen brachten den Weinbau zum Erliegen.

Der aus den Kriegen hervorgegangene Terrorismus ist heute derart bedrohlich, dass sich die Winzer gezwungen sehen, ihrer Arbeit im Verborgenen nachzugehen. Die kurdische Identität erweist sich zwar stärker als jede religiöse Kluft, und die großen Parteien sind säkular. Nichtsdestoweniger herrscht im Umgang mit alkoholischen Getränken Diskretion. Diskret und ohne Werbung wachsen auch die lokalen Rebsorten und der wilde Wein in der Hügellandschaft. Gepflegte Stöcke und aus Schnittholz frisch angepflanzte Parzellen lassen vermuten, dass die Winzer in den Widerstand eingetreten sind – für die Kurden eine zweite Natur.

Auf Märkten oder am Straßenrand werden in Kurdistan schwarze (Mermek, Rosh Mew), rote (Taefi, Kamali), gelbe (Zarek, Hejaze, Khateni, Keshmesh) oder weiße (Helwani) Rebsorten verkauft: „Mit diesen Trauben kann man alles herstellen –Tafeltrauben, Rosinen, Saft, Wein, Arak, Essig ...", erklärt ein Verkäufer. Bald kommt er auf das Thema Gärung zu sprechen: „Vor 25 Jahren, bevor Saddam Hussein alles niedergemacht hat, wurde in unseren Dörfern Wein und Arak erzeugt." Und jetzt? „Machen wir das immer noch", ruft ein Nachbar.

In einem christlichen Dorf nahe Amediye rankt Wein neben der Kirche auf kräftigen Hecken und an Pergolen empor. Ein einziger, rund dreißig Zentimeter dicker, unveredelter Stock nährt ein weites Blätterdach, prallvoll mit Trauben. Der Eigentümer des Stocks berichtet, wie er seinen Arak herstellt: „Ich ernte die Trauben, zerstoße sie und lasse sie sieben Tage in einer Schüssel ruhen. Dann destilliere ich sie und erhalte einen Traubenbrand mit rund 70 Prozent Alkohol." Auf die Bitte, seine Anlagen sehen zu dürfen, antwortet er mit einem feinen Lächeln: „Das machen wir schon seit Jahren nicht mehr!"

In dem kleinen Laden an der Ecke verkauft ein Mann, der hier mit seinen Freunden Tee trinkt, eine mit einem alten Metalldeckel verschlossene Flasche seines Weins – umgerechnet 7 Euro für den guten Wein, für den anderen etwas weniger. Der erst vor wenigen Wochen vergorene Traubensaft ist fruchtig und bereits oxidiert: „Ich zerstoße die Trauben der Sorte Mermek in einer Schüssel und fülle den Saft nach sieben Tagen Gärung in Flaschen ab. So erzeuge ich ein paar Hundert Flaschen pro Jahr." Der Mann erinnert sich, dass man in seinem Dorf früher Wein in eingegrabenen Tonkrügen ausbaute. In Bagdad hat er sich einen Destillierapparat gekauft, den er uns aber nicht zeigen möchte: „Der Apparat steht im Nachbardorf und kommt sowieso nicht mehr oft zum Einsatz ..." Er selbst bezeichnet sich als „assyrischen Christen". In Dohuk hat der Bischof der assyrischen Kirche, Monsignore Rabban, eine kostenlose laizistische Schule für christliche und muslimische Mädchen und Jungen eröffnet. Er wird von allen respektiert und weigert sich preiszugeben, woher er den Messwein für seine Diözese bezieht – vermutlich, um seine Winzerfreunde zu schützen. Das Geheimnis bleibt ebenso gut gehütet wie die Beichte. In den Bergen nahe der türkischen Grenze erklärt sich jedoch ein Lieferant der Kirche bereit, uns Auskunft zu geben – anonym und ohne Foto.

Sein Dorf liegt ganz in der Nähe des schneebedeckten Gipfels, über den Hunderttausende Kurden im Winter 1991 flüchteten. Nach dem Durchzug von Saddam Husseins Regimentern blieb hier wie nahezu in ganz Kurdistan kein Stein auf dem anderen. Heute bauen die Menschen ihre Häuser hier aus Stahlbeton. Der Wein wächst wieder jenseits des christlichen Friedhofs an der Kirche und zeugt so von der intensiven Weinbautätigkeit, die den Ort auf 800 Metern Höhe mit 800 bis 1000 Millimeter jährlichem Niederschlag und idealer Sonnenbestrahlung einst prägte.

Der anonyme Weinlieferant berichtet, wie er in seinem häuslichen Badezimmer jedes Jahr mehrere Hundert Flaschen Wein erzeugt: „...Trauben ernten, in Stiegen transportieren ..., die Trauben nicht waschen, denn das Wasser enthält Chlor, was die Gärung beeinträchtigt." Dann erzählt er, wie er die Trauben in einer Schüssel mit sauberen Stiefeln zerstampft und mit natürlichen Hefen gären lässt, in Flaschen abfüllt und in den Korken einen Strohhalm einsetzt, damit Kohlendioxid entweichen, aber kein Sauerstoff eindringen kann. Der Alkoholgehalt des so erzeugten Weins liegt bei 9 bis 12 Prozent. Für seinen Rosé mischt er rote und weiße Trauben. Der Hobby-Winzer mit Doktortitel in Petrochemie berichtet, dass sein Vater und Großvater vor den Massakern nach örtlicher Tradition Wein in Tonkrügen herstellten. Er selbst destilliert seinen Arak in fünf Durchläufen und fügt Anis aus seinem Garten hinzu: „Eigentlich gibt es keinen kurdischen Wein, nur Kurden, die Wein machen", scherzt er und fügt hinzu: „Allerdings produzieren die meisten hier Wein, ohne die chemischen Prozesse zu kennen."

Kurdistan mit reicher Biodiversität und Prä-Phylloxera-Rebsorten ist eine Schatzkammer für die Weinherstellung. Die Zukunft des kurdischen Weins mag unsicher erscheinen, doch wer weiß ... Vielleicht findet der globale Weinbau eines Tages den Weg in dieses Gebiet, in dem bis heute Reben aus dem Mesopotamien der Zeit von König Nebukadnezar II. (604–562 v. Chr.) wachsen.

© Pierrick Bourgault

RUSSIA
Ob
Yenisei
Angara
Lake Baikal
Amur

KAZAKHSTAN

MONGOLIA

Urumqi
Hami
Turpan
Gobi Desert
Huang He
Dunhuang
Yumen
Beijing

CHINA

NORTH KOREA

SOUTH KOREA

N

500 km

Wein aus der Wüste Gobi

Wie erzeugt man Wein in einer Region, in der es im Winter eisig kalt und im Sommer glühend heiß ist und das ganze Jahr über kaum ein Tropfen Regen fällt?

Nichts, wirklich nichts, zeichnet den Westen Chinas, an der Grenze zur Mongolei, für den Weinbau aus. Mehr als 2500 Kilometer von der Küste entfernt, ist diese Region so kontinental wie keine andere. Wintertemperaturen von –20 bis –30 °C lassen Pflanzen komplett einfrieren. Regen ist eine Seltenheit.

Doch die Chinesen lassen sich von diesen Hindernissen nicht entmutigen. Seit 1949, dem Jahr, in dem Peking Turkestan, ein flächenmäßig zweieinhalbmal so großes Land wie Frankreich, annektierte, führt ein antikes Bewässerungssystem Wasser aus dem Tian-Shan-Gebirge in die Oasen an der Seidenstraße. Dort bauen die Uiguren schon seit Jahrhunderten Wein für die Herstellung von Rosinen an. Peking gab der Region den Namen Xinjiang („Neue Grenze") und pflanzte 1980 Tausende Hektar westliche Rebsorten (Cabernet Sauvignon, Syrah, Merlot, Chardonnay, Chenin Blanc, Riesling ...) und lokale Varietäten (Beichun, Cibayi, Shabulawe ...) an. Im Osten Chinas, in Provinzen wie Shandong, ist Land teuer und von einem dichten Straßennetz durchzogen. Es gibt riesige Städte und Industrieanlagen, und die Luft ist stark verschmutzt.

Damit der Wein in der Wüste Gobi gedeihen kann, werden die Gräben zwischen den Reihen sechs- bis zehnmal pro Jahr gewässert. „Hier fällt so gut wie kein Niederschlag. Folglich gibt es beim Wein keine Krankheiten und keine Behandlungen – kein Kupfer und keinen Schwefel", versichert Grégory Michel, der einen Teil des Weinguts Loulan bis 2020 im Bio-Anbau leitete. Auf einer Fläche, die mit europäischen Weinbergen vergleichbar ist, wird die erstaunliche lokale Muskat-Rebsorte Rou Ding Xiang angebaut und daraus ein Süßwein erzeugt, der sich vor allem in Japan großer Beliebtheit erfreut. Für die wie edles Parfüm verpackten Flaschen werden um die 150 Euro pro Stück aufgerufen.

◀ Rebfläche nach dem Anhäufeln

Citic Guo'An Wineries

Doch wie lassen sich die Anpflanzungen vor Frost schützen? An kalten Winterabenden decken die Landwirte aus Xinjiang die Gewächshäuser, in denen sie Gemüse anbauen, mit dicken Decken ab. In manchen Gegenden schützt das Einwickeln in Decken auch Weinpflanzen vor dem Erfrieren. In der Wüste Gobi bleibt den Weinbauern und den von ihnen beschäftigten Migranten jedoch nicht viel Zeit, um die Reben nach der Lese im September zu beschneiden, in zuvor gezogene Furchen zu biegen und mit schützender Erde zu bedecken. Ende Oktober sind durch dieses Anhäufeln alle Rebstöcke aus der Landschaft getilgt. Auf Zehntausenden Hektar Fläche sieht man dann, soweit das Auge reicht, nichts als nackte Pflöcke. Im Frühling werden die Pflanzen durch viele fleißige Hände wieder ausgegraben und an den Pflöcken befestigt. Der Startschuss fällt für eine neue Saison – über der zu Beginn stets das Damoklesschwert des Spätfrosts schwebt.

Citic Guo'An Wineries erzeugt auf 10.000 Hektar aus Syrah seinen Rosé *Suntime Yili River*. Interessanterweise wird dieser chinesische Wein nicht in China verkauft, erklärt Yiran Liu, Direktorin der Maison du Languedoc-Roussillon in Shanghai: „Der chinesische Markt ist noch nicht reif für Rosé. Männer trinken ihn nicht, weil er in ihren Augen ein Frauengetränk ist." Eine weitere Kreation von Citic Guo'An ist der *Sushi Time* auf Riesling-Basis, der für japanische Spezialitätenrestaurants und damit ebenfalls für den Export bestimmt ist.

© Pierrick Bourgault

147

Die doppelte Lese von Taiwan

Das tropische Klima der Insel ermöglicht drei Ernten
im Jahr – mit einem weltweit einzigartigen Ergebnis

Chen Ching Fung lacht: „Wir können zu jeder Jahreszeit Trauben ernten. In Europa geht das nur in einer Saison!" Der Inhaber eines kleinen, von der Welt des Weinbaus inspirierten Themen-Freizeitparks, der Railway Valley Winery, berichtet von den saisonalen Arbeiten im Weinberg: „Wir schneiden im Februar/März, dann beginnt die Rebe auszutreiben. Geerntet wird Anfang Juli. Gleich im Anschluss folgt der nächste Schnitt, bei dem kein grünes Blatt am Stock bleibt. Ein zweiter Vegetationszyklus beginnt und endet mit einer zweiten Lese im November oder Dezember." Für drei Jahreszyklen – eine Praxis, die vor allem Tafeltrauben betrifft – werden Reben im Gewächshaus kultiviert und teilweise sogar nachts beleuchtet und mit Salzwasser bewässert, um die Fruchtbildung anzuregen. Der einzige Nachteil dieses Klimas sind die Taifune, die laut dem Winzer Hong Ji Bei von der Domaine Shu Sheng im mittleren Westen der Insel „für den Wein gefährlicher sind als alle Insekten und Krankheiten". Die Reben werden folglich nicht angebunden (palissiert), sondern für einen besseren Schutz vor Tropenstürmen in Pergolen erzogen.

In der taiwanesischen Landschaft wechseln sich Weinparzellen mit Reisfeldern und Hightech-Fabriken ab. Auf der Insel, die viermal größer als Korsika ist und eine zwanzigmal höhere Bevölkerungsdichte aufweist, ist das Produzieren von Wein eine Obsession. Bei Preisen von rund 500.000 Euro pro Hektar muss aus jedem Flecken Erde der maximale Ertrag herausgeholt werden. Dabei kommt reichlich Dünger zum Einsatz. Laut Chang Shu-Gen, Inhaber der Domaine Song-He in Taichung, wird dreimal im Jahr gedüngt: „Kalium und Stickstoff beim Schnitt und nach der Hälfte der Reifezeit der Trauben. Phosphor vor der Ernte, um die Haut der Trauben zu kräftigen sowie Schimmelbildung und Schäden durch Insekten zu begrenzen. Dazu kommen noch Tierdung, Algen- und Austernpulver." Zwischen den Reihen wird Kohl angepflanzt. Nicht ein Quadratmeter bleibt ungenutzt.

Chen Ching Fung in seinem kleinen Weinberg in der Railway Valley Winery rechnet mit einem Ertrag von 700 Doppelzentner pro Hektar – das sind etwa 7 Kilogramm geerntete Trauben je Quadratmeter! Er gibt an, dass manche Winzer sogar mehr als das Doppelte an Trauben ernten und somit einen zehnmal höheren Ertrag erreichen als europäische Winzer. Trotz des tropischen Klimas wird dem Saft vor der Gärung noch Puderzucker hinzugefügt: „Die Kunden lieben einfach süßen Wein", lautet die Rechtfertigung des Kellermeisters, der „für einen Geschmack nach Oxidation und Honigwein" auf japanische Hefen schwört. Chen Ching Fung exportiert seinen Wein auch in die frühere Kolonialmacht Japan.

Auf Etiketten und Verpackung legt man in Taiwan besonderen Wert: graviertes Glas, Jahreszahlen und andere Personalisierungen für Hochzeiten, die Geburt eines Kindes, für Freunde oder Militärangehörige ... Wie in China ist die Flasche Wein auch in Taiwan ein Geschenk.

Auch überreife Früchte finden auf der Insel ihren Weg in die Flasche – als „Fruchtwein", der durch Destillation nach der Gärung erzeugt wird. Die Taiwanesen sind ein neugieriges und reisefreudiges Volk mit hohem Lebensstandard und kennen selbstverständlich den Unterschied zwischen diesen alkoholischen Getränken und dem aus fermentierten Trauben erzeugten Wein aus Europa. Und so sind hier die besten europäischen Weine auch in zahlreichen Geschäften erhältlich.

South China Sea

PHILIPPINES

BRUNEI

MALAYSIA

Philippines Sea

Celebes Sea

MALAYSIA

SINGAPORE

Equator

Halmahera

Sumatra

Borneo

Sulawesi (Celebes)

New Guinea

Ceram

Buru

INDONESIA

Java Sea

Banda Sea

Java

Sumbawa

Flores

Yamdena

Bali

Sumba

TIMOR-LESTE

Timor Sea

Indian Ocean

N

500 km

AUSTRALIA

Wein aus Bali

Diese Weine sind aufgrund des tropischen Klimas der Insel, der Vielfalt der Rebsorten und der in Indonesien geltenden islamischen Steuervorschriften etwas Besonderes

In Bali, gelegen auf acht Grad südlicher Breite, ist es mit einer Durchschnittstemperatur von 27 °C das ganze Jahr über heiß. Die Luftfeuchtigkeit variiert je nach Jahreszeit – mal trocken, mal reichlich Niederschlag –, ist aber insgesamt hoch. Die tropische Vegetation gedeiht ohne Winterpause das ganze Jahr über. Es herrscht hier ein, gelinde gesagt, schwieriges Klima für den Anbau von Wein. Die hohe Luftfeuchtigkeit bildet den idealen Nährboden für Krankheiten wie Mehltau. Insbesondere jedoch besteht die Gefahr, dass die Stöcke viele dicke Trauben hervorbringen, deren verwässerter Saft die für eine hochwertige Weinbereitung nötige Intensität vermissen lässt. Prägend für die Insel Bali ist der Hinduismus, dennoch gelten die Steuervorschriften Indonesiens, des bevölkerungsreichsten muslimischen Landes der Erde, was zur Folge hat, dass auf die Importe von alkoholischen Getränken hohe Steuern erhoben werden. Um 1992 beschloss Ida Bagus Rai Budarsa, Erbe einer Familie von Reisalkoholproduzenten und Inhaber einer wertvollen Vertriebslizenz, diese Einfuhrsteuern durch die Erzeugung von eigenem Wein auf der Insel zu umgehen. Der indonesische Investor tat sich mit dem französischen Önologen Vincent Desplat zusammen. Gemeinsam versuchten sie, die einzig verfügbare Sorte, eine rote Tafeltraube der lokalen Rebsorte Alphonse-Lavallée, die auf der Insel für den direkten Verzehr und als Opfergabe für die hinduistischen Götter angebaut wird, zu Wein zu verarbeiten.

Das Weingut Hatten auf dem Land von Ida Bagus Rai Budarsa begann 1994 mit der Produktion eines frischen, fruchtigen Roséweins, der mit der pikanten Küche der Insel harmoniert. Das ganze Jahr über kauft das Unternehmen Woche für Woche Trauben von den Inselbauern, presst und vinifiziert sie. Professionelle Besucher staunen immer wieder über die in Anbetracht der Jahresproduktion von 1,5 Millionen Litern vergleichsweise kleine Kelter. Beim Weinbau in mildem Klima kommen die Anlagen tatsächlich nur einmal im Jahr nach der Lese zum Einsatz und sind um ein Vielfaches größer.

Auf Bali werden die Pflanzen nach der Lese beschnitten und treiben erneut aus mit Blätter, Blüten und Trauben, die vier Monate später wieder gelesen werden. (Die Rebstöcke durchlaufen auf der Insel jährlich 2,8 Vegetationszyklen.)

Heute baut das Gut auf 35 Hektar Land weiße Trauben der Rebsorte Belgia-Muscat an und kauft weiterhin rote Trauben von den lokalen Bauern. Die Pergola-Erziehung der Rebstöcke sorgt für eine starke Produktion und schützt zugleich die Arbeiter vor der brütenden Sonne – ein folgerichtiges, funktionierendes System.

Nach zwanzig Jahren Arbeit scheint die Wette aufzugehen: Weinanbau in den Tropen ist möglich! Ein Rotwein, zwei Weißweine und zwei nach traditioneller (Champagner-)Methode erzeugte Schaumweine komplettieren das Sortiment der balinesischen Weinproduzenten.

Neben dem Anbau auf Bali importiert Hatten aus Australien tiefgefrorene, unvergorene Traubensaftblöcke samt Schale und Kernen. Diese haben noch keinen Alkohol gebildet und sind somit – genialer Schachzug – steuerfrei. Hatten verarbeitet sie auf Bali unter dem Markennamen *Two Islands* zu Wein.

Eine weitere Spezialität ist die Cuvée der Kanadierin und früheren Marketingleiterin des Weinguts, Maryse La Rocque. Sie ist erklärte Liebhaberin des berühmten Likörweins *Pineau des Charentes*, der ihr für ihren *Pino de Bali* als Vorbild diente.

Das Weingut profitiert sogar von der strengen Steuergesetzgebung des muslimischen Staates. Für die großen Hotels der Insel – von Hyatt über Novotel bis hin zu Four Seasons und Aman –, in denen häufig anspruchsvolle Weinliebhaber zu Gast sind, ist es nicht einfach, Wein aus aller Welt zu importieren. Also kaufen sie beim einzigen Erzeuger der Insel aus lokalen Rebsorten bereiteten Wein. Hatten exportiert seine Produktion also nicht. Wer diesen Wein verkosten möchte, muss dafür nach Bali reisen.

ÜBER DEN JONGLEZ VERLAG

Die Idee, ein Buch über die ihm bekannten verborgenen Orte von Paris herauszugeben, hatte Thomas Jonglez bereits im September 1995 im pakistanischen Peschawar, 20 Kilometer von den Stammesgebieten entfernt, die er wenige Tage später besuchte. Seine siebenmonatige Reise von Peking nach Paris führte ihn damals unter anderem nach Tibet (in das er ohne gültige Papiere in einem Nachtbus, versteckt unter Decken, einreiste), in den Iran und nach Kurdistan. Den gesamten Weg legte er ohne Flugzeug, ausschließlich mit dem Schiff, per Anhalter, auf dem Fahrrad, im Zug oder Bus, reitend und zu Fuß zurück. Er erreichte Paris gerade rechtzeitig, um mit seiner Familie Weihnachten zu feiern. Nach der Rückkehr in seine Heimatstadt verbrachte er zwei Jahre mit der Erkundung der Straßen von Paris, um gemeinsam mit einem Freund seinen ersten Reiseführer über die Geheimnisse von Paris zu schreiben. Anschließend war er zunächst sieben Jahre in der Eisen- und Stahlindustrie tätig, bevor ihn erneut die Reiseleidenschaft packte und er sich ganz dem Entdecken der Welt widmete. Im Jahr 2005 gründete er seinen Verlag und lebte ab 2006 in Venedig. 2013 zog es ihn mit seiner Familie wieder in die Welt hinaus. Die Reise führte in sechs Monaten von Venedig über Nordkorea, Mikronesien, die Salomon-Inseln, die Osterinsel, Peru und Bolivien nach Brasilien. Nach sieben Jahren in Rio de Janeiro lebt Thomas heute mit seiner Frau und seinen drei Kindern in Berlin.
Die Publikationen des Jonglez Verlags sind in neun Sprachen und 40 Ländern erhältlich.

ÜBER DEN AUTOR

© Emmanuel Delaloy

Nach dem Studium der Agrarwissenschaften und der Anthropologie reiste Pierrick Bourgault um die Welt, um mehr über den Weinbau zu erfahren. Sein Wunsch ist es, die Geschichten lokaler Winzer zu hören und die Vielfalt der Anbaugebiete, Rebsorten und Märkte kennenzulernen und besser zu verstehen. Vor allem aber möchte er die faszinierende Koexistenz von Pflanzen und Menschen erkunden sowie klimatische Unwägbarkeiten, die Natur und ihre Gesetze. Besonderes Augenmerk widmet Bourgault dabei außergewöhnlichen Weinen – ein Thema, für das er bereits mit dem Preis der Internationalen Organisation für Rebe und Wein (OIV) in der Kategorie „Weine und Terroirs", dem ersten Preis der französischen Gourmand World Cookbook Awards sowie dem Grand prix du Livre Spirit in der Kategorie „Bibliothèques gourmandes" ausgezeichnet wurde. Für seine journalistischen Irak-Reportagen erhielt Pierrick Bourgault den Großen Preis der Afja (frz. Verband der Agrarjournalisten). Pierrick Bourgault schrieb rund fünfzig Bücher über Wein, Bistrots und Fotografie und ist Autor von verschiedenen Erzählungen. Im Internet ist Pierrick Bourgault unter *monbar.net* zu finden.

IM SELBEN VERLAG ERSCHIENEN

Atlas

Atlas der geographischen Kuriositäten
Atlas der verlassenen Orte
Atlas der Wetterextreme

Bildbände

Baikonur – Relikte des Sowjetischen Weltraumprogramms
Stilles Venedig
Ungewöhnliche Hotels
Venedig aus der Luft
Verborgene Heiligtümer
Verbotene Orte
Verlassenes Deutschland
Verlassenes Frankreich
Verlassene Kinos der Welt
Verlassenes Deutschland
Verlassenes Frankreich
Verlassenes Italien
Verlassenes Japan
Verlassene Kirchen – Kultstätten im Verfall
Verlassene UdSSR
Verlassene USA

Auf Englisch
Abandoned Asylums
Abandoned Australia
Abandoned France
Abandoned Lebanon
Abandoned Spain
After the Final Curtain – The Fall of the American Movie Theater
After the Final Curtain – America's Abandoned Theaters
Baikonur – Vestiges of the Soviet Space Programme
Chernobyl's Atomic Legacy
Cinemas – A French heritage
Forbidden Places – Exploring our Abandoned Heritage Vol. 1
Forbidden Places – Exploring our Abandoned Heritage Vol. 2
Forbidden Places – Exploring our Abandoned Heritage Vol. 3
Forgotten Heritage

„Soul of"-Reihe

Soul of Amsterdam – 30 einzigartige Erlebnisse
Soul of Athen – 30 Erlebnisse
Soul of Barcelona – 30 Erlebnisse
Soul of Berlin – 30 einzigartige Erlebnisse
Soul of Kyoto – 30 Erlebnisse
Soul of Lissabon – 30 einzigartige Erlebnisse
Soul of Los Angeles – 30 einzigartige Erlebnisse
Soul of Marrakesch – 30 einzigartige Erlebnisse
Soul of New York – 30 einzigartige Erlebnisse
Soul of Paris - 30 Erlebnisse
Soul of Rom – 30 einzigartige Erlebnisse
Soul of Tokio – 30 Erlebnisse
Soul of Venedig – 30 einzigartige Erlebnisse

„Verborgenes"-Reiseführer

Verborgenes Bali
Verborgenes Bangkok
Verborgenes Berlin
Verborgenes Brüssel
Verborgenes Budapest
Verborgene Dolomiten
Verborgenes Florenz
Verborgenes Genf
Verborgenes Granada
Verborgenes Hamburg
Verborgenes Kapstadt
Verborgenes Kopenhagen
Verborgenes Korsika
Verborgenes Istanbul
Verborgenes Lissabon
Verborgenes London
Verborgenes Los Angeles
Verborgenes Mailand
Verborgenes Neapel
Verborgenes New York
Verborgenes Paris
Verborgenes Potsdam
Verborgene Provence
Verborgenes Rom
Verborgenes Sevilla
Verborgenes Singapur
Verborgenes Stockholm
Verborgene Toskana
Verborgenes Venedig
Verborgenes Wien

Auf Englisch
Secret Amsterdam
Secret Bath – An unusual guide
Secret Barcelona
Secret Belfast
Secret Boston – An unusual guide
Secret Brighton – An unusual guide
Secret Brooklyn
Secret Brussels
Secret Buenos Aires
Secret Campania
Secret Dublin – An unusual guide
Secret Edinburgh – An unusual guide
Secret French Riviera
Secret Glasgow
Secret Helsinki
Secret Johannesburg
Secret Liverpool – An unusual guide
Secret London – Unusual Bars & Restaurants
Secret Louisiana – An unusual guide
Secret Madrid
Secret Mexico City
Secret Montreal – An unusual guide
Secret New Orleans
Secret New York – Hidden bars & restaurants
Secret Rio
Secret Sussex – An unusual guide
Secret Tokyo
Secret Washington D.C.
Secret York – An unusual guide

Folgen Sie uns auf Facebook, Instagram und X

Kartengestaltung: **Cyrille Suss** – Layout: **Emmanuelle Willard Toulemonde** –
Übersetzung: **Tanja Felder** – Lektorat: **Antje Eszerski** – Korrektorat: **Carola Köhler** –
Herausgeber: **Clémence Mathé**

Umschlagfoto: **Pierrick Bourgault**

© JONGLEZ 2024
September 2024 – 1. Auflage
ISBN: 978-2-36195-528-1
Gedruckt in der Slowakei von Polygraf